Robert Bach

Gib dem Krebs keine Chance

Mögliche Zusammenhänge zwischen Erdstrahlen und Erkrankungen

www.tredition.de

Verlag & Druck: tredition GmbH, Halenreie 40-44, 22359 Hamburg

ISBN
Paperback: 978-3-347-01173-1
Hardcover: 978-3-347-01174-8
e-Book: 978-3-347-01175-5

Inhaltsverzeichnis

1. Vorwort

Jetzt befasse ich mich schon seit über 40 Jahren mit dem Wünschelrutenphänomen. Daher weiß ich auch, dass dieses Thema zu bedeutungsvoll ist, um es dem hohen unwissenden Anteil der Bevölkerung vorzuenthalten. Ich bin mir ganz sicher, dass heute kein Mensch mehr über Wünschelrutenmessungen reden würde, wenn sie nicht eine Bedeutung hätten.

Die ganze Sache ist jedoch immer noch unerforscht. Trotz fehlender Forschung und Beweisen gibt es Leute, die felsenfest daran glauben, und andere wiederum überhaupt nicht. Dinge, die keiner richtig deuten kann und die noch nicht wissenschaftlich nachgewiesen werden können, werden demnach ganz unterschiedlich bewertet.

Zum Beispiel wissen einige Menschen, zu denen auch ich gehöre, dass sie mit einem Hilfsmesswerkzeug – genannt Wünschelrute, die ich später näher erklären werde – Erdstrahlen (Reizstreifen) aufspüren können. Der größere Teil der Menschen denkt wiederum, dass das Esoterik, Humbug oder Spinnerei ist.

Einige Leute, die von dem Thema gehört haben und dadurch Hoffnung hegen, ihre Gesundheit verbessern zu können, wo medizinische Möglichkeiten versagt haben, ergreifen oft diese Gelegenheit, einen gesunden Schlafplatz zu finden, um eine Verbesserung zu bewirken. Dies wird dann leider oft von gnadenlosen Geldmachern ausgenutzt, indem sie zum Beispiel teure Apparate zur Entstörung der Reizstreifen zum Verkauf anbieten. Menschen, deren Bett sich auf solchen Reizstreifen befindet, verlassen sich dann auf den Nutzen solcher Apparate, der jedoch nicht bewiesen ist. Damit ist ihnen also in keinem Fall geholfen und durch solche Fälle wird das Phänomen, welches ich in diesem Buch erklären möchte, noch unglaubwürdiger gemacht.

Wie Sie selbst ausprobieren können, ob Sie die Gabe haben, mit der Wünschelrute Messungen vorzunehmen, schreibe ich auch später in diesem Buch.

Ich habe über die ganzen Jahre festgestellt, dass es in der Natur sehr viele Merkmale gibt, die zeigen, dass dieses Thema nicht wegzudiskutieren ist, und die meine Thesen in diesem Buch unterstützen. Es wäre ganz leicht, diese Begebenheiten in der Natur einfach zu beobachten und dann weiter zu erforschen.

Das Wünschelrutengehen, bei dem Reizzonen (z. B. Wasseradern) gefunden werden können, gibt es schon seit Jahrtausenden. Von der modernen Wissenschaft wird dieses Phänomen jedoch immer noch gemieden. Ich schreibe dieses Buch in der Hoffnung, dem Thema einen Raum zu geben und die Menschen dafür zu interessieren.

Die Zeit dazu ist reif. Als Kopernikus im Jahr 1543 beschrieb, nicht die Erde, sondern die Sonne sei der Mittelpunkt der umkreisenden Planeten, dauerte es auch nur 200 Jahre bis zur wissenschaftlichen Erkenntnis.

Einige meiner vielen erstaunlichen Experimente, Entdeckungen und Recherchen, die ich so häufig mit der Natur ins Verhältnis setze, sind in diesem Buch zusammengefasst. Ich schildere wahre Begebenheiten und Forschungsergebnisse eines wissensbegierigen Hobbyphysikers.

Es ist mein Ziel, dass dem Wünschelrutenphänomen intensive Aufmerksamkeit geschenkt wird. Und es wäre fantastisch, wenn es für die Wissenschaft der Anfang einer außergewöhnlichen Entdeckungsreise wäre.

In einem Artikel der *Bunten* vom 08.10.2015 schreibt Professor Dr. Karl Lauterbach, dass 50 bis 65 % aller Krebsfälle purer Zufall sind. Ich erlaube mir, die Frage zu stellen: „Könnten die Erdstrahlen eine Ursache für die Krankheit sein, die dann durch

Auslöser wie zum Beispiel Rauchen auftritt?" Meine Theorie hierzu werde ich Ihnen natürlich später darlegen.

Wenn diesem Phänomen ehrliche Aufmerksamkeit geschenkt würde, könnte die Zahl von Erkrankungen, etwa an Krebs, in den nächsten Jahren sicher sinken. Wahrscheinlich würde eine gemeinsame Forschung mit Biophysikern noch ganz andere Dinge aufdecken. Aber bilden Sie sich doch bitte selbst Ihre Meinung, wenn Sie mein Buch gelesen haben.

2. Worum geht es überhaupt?

Damit Sie den Zusammenhang erkennen, werde ich Ihnen jetzt kurz berichten, wie es zu meinem langjährigen Hobby kam. Im Jahr 1976 beobachtete ich einen Baggerführer, der neben einer Baustelle mit zwei abgewinkelten Schweißdrähten auf einer Straße hin und her ging. Meine Neugierde ließ mir keine Ruhe, sodass ich den Mann fragte, was er da mache. Er erklärte mir, dass er vor dem Baggern die Kabeltrasse suche, um keinen Schaden daran anzurichten. Begeistert von dieser Antwort bat ich den Baggerführer, ob ich es auch einmal versuchen dürfe. Er reichte mir auch sofort sehr entgegenkommend die beiden Ruten. Ich war ziemlich verdutzt, als die dünnen Eisenstäbe aus eigener Kraft auseinanderschlugen, nachdem ich ein paar Schritte damit gelaufen war. Der Baggerführer bestätigte mir, dass die Kabeltrasse seinen eigenen Messungen zu folge genau dort entlangliefe.

Ich war vollkommen beeindruckt. Dieser erste Wünschelrutentest meines Lebens hatte so gut funktioniert und mich so sehr fasziniert, dass das Wünschelrutengehen nach diesem Erlebnis mein Hobby geworden und geblieben ist.

Jetzt werden Sie sich natürlich fragen, was diese Reizstreifen sind und welchen Zusammenhang es mit Krankheiten geben könnte.

Um dies näher zu erklären, werde ich mit konkreten Beispielen ein wenig ausholen, so wie ich diese Theorie meinen Enkelkindern erklärt habe.

Der Strom aus der Steckdose wird oft noch in Atomkraftwerken (radioaktive Abfälle) oder Kohlekraftwerken (Treibhausgas CO_2) erzeugt und wir haben alle davon gehört, dass diese gefährlich und klimaschädlich sein können. Der erzeugte Strom wird von diesen Kraftwerken aus über große Leitungen, die durch Leitungsmasten verbunden sind, bis in die Städte transportiert. Die sehr hohe Spannung wird durch Transformatoren von ungefähr 300.000 Volt auf 400/230 Volt heruntertransformiert und so in der richtigen Spannungsstärke auf jedes Haus verteilt. So entsteht ein globales Stromnetz für fast alle Menschen.

Das Stromnetz ist von Menschen gemacht, genauso wie das Straßennetz. Mit einem Auto kann man in jedes Land, in jede Stadt, in jedes Dorf und zu jeder Hausnummer fahren. Die Erde ist mit Straßen überzogen, die alle Orte miteinander verbinden. Es gibt Landstraßen, Schnellstraßen und Autobahnen. Wenn man sich nicht an die Regeln hält, entstehen durch falsches Verhalten auf diesen Straßennetzen so einige Unfälle, mit Tausenden toten Menschen.

Die Autobahnen im Straßennetz oder die Stromleitungen im Stromnetz sind also sehr praktische Einrichtungen unserer Gesellschaft, aber gleichzeitig sind es auch Netze, in denen Gefahr herrschen kann.

Die Reizstreifen, um die es in diesem Buch geht und die ich z. B. in meinem Garten messe, sind selbstverständlich ein Netz anderer Art. Es gibt nämlich ein Netzwerk von Reizzonen, das schon seit Tausenden von Jahren existiert und natürlich nicht von den Menschen gemacht worden ist. Dieses älteste und sicher erste Gitternetz auf der Erde ist von der Natur eingerichtet worden.

Dieses Netz mit den Reizzonen kann ich, in kleinem Rahmen, anhand meiner selbst angefertigten Karte erklären. Auf dieser Karte, einer Luftaufnahme meines Hauses mit dem Gebiet drumherum, habe ich viele rote Linien, die sogenannten Reizzonen, eingezeichnet. In diesem Gebiet führe ich seit Jahren schon viele Experimente und Tests durch. Die Dichte der Reizzonen ist überall sehr unterschiedlich.

Luftaufnahme mit eingezeichneten Reizzonen

All diese roten Linien repräsentieren Reizzonen, welche ich mit meiner Wünschelrute aufspüren kann. Ich nenne sie Reizzonen und nicht Wasseradern, solange ich keinen Beweis habe, dass es eine Wasserader ist. Nur wenn mich eine Reizzone, der ich nachgehe, bis zu einem Brunnen führt, kann ich davon ausgehen, dass es sich um eine Wasserader handelt.

Die Einflüsse dieser Reizstreifen auf die Natur sind auch ganz eindeutig zu erkennen. Es ist zum Beispiel erwiesen, dass Wespen Strahlensucher sind. Auf meiner Karte sind die Wespennester und ein Hornissennest zu sehen, die ich in der Umgebung eingezeichnet habe. Alle befinden sich auf den von mir ausgemachten Reizzonen, den roten Strichen auf der Karte.

Was Bäume anbetrifft, stehen viele vom Blitz getroffene Eichen auf diesen Zonen. Das Sprichwort: „Buche suche, Eiche weiche", wenn ein Gewitter aufzieht, ist heute jedoch nicht mehr ausnahmslos richtig. Das kommt aber wahrscheinlich daher, dass Bäume nun häufiger von Menschen angepflanzt werden.

Früher, als die Bäume nur wild gewachsen sind, hatte dieses Sprichwort wohl seine Richtigkeit. Man sollte keinen Schutz unter einer Eiche suchen, da dort öfter der Blitz einschlägt.

Der von Menschenhand angepflanzte Buchensetzling, auch wenn er zufällig auf einem Reizstreifen gesetzt wurde, wächst zum Beispiel besser an als die gefallene Buchecker auf einem Reizstreifen. Im Gegensatz zu Eichen bevorzugen Buchen die Reizstreifen nämlich nicht. Was es mit den vom Blitz getroffenen Bäumen im Zusammenhang mit den Reizstreifen auf sich hat, erkläre ich nun näher.

Der Blitz versorgt mit seiner Energie unser natürliches Reizzonennetz mit dem Einschlag in die Erde. Über das Stromnetz unseres täglichen Lebens wissen Sie ja schon bestens Bescheid.

In der Natur schlägt der Blitz also an gut leitenden Stellen, nämlich dort, wo sich die Reizzonen befinden, in die Erde ein. Genauso wie der Strom vom Kraftwerk durch die Stromleitungen in die Haushalte gelangt, wird hier die Energie von Millionen Blitzen durch die gut leitenden Reizstreifen über die ganze Erde verteilt.

Dazu muss man wissen, dass die Erde ein magnetisches sowie ein elektrisches Feld besitzt. Da die Erdoberfläche negativ gegenüber der umgebenden Atmosphäre geladen ist, verlaufen die sogenannten Feldlinien im Idealfall senkrecht zur Erdoberfläche und sind für den Potenzialausgleich zwischen Wolken und Erde zuständig.

Diese elektromagnetischen Feldlinien kann man gut mit einem Beispiel beschreiben. Wenn man einen blauen Luftballon nimmt (der die Wolke darstellt), ihn an einem Wollpullover reibt und den Luftballon dann über den Kopf hält (der die Erde darstellt), stellen sich die Haare auf und stehen senkrecht zum Luftballon. Die Haare kann man sich jetzt als Feldlinien zwischen der Atmosphäre und der Erde vorstellen.

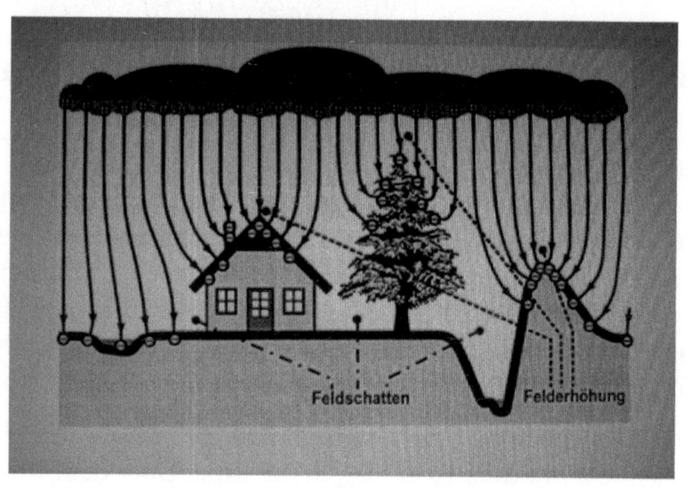

Feldlinien (nnp.uni.frankfurt.de)

Aufgrund meiner zahlreichen Experimente glaube ich an die Natur als ein Vorbild für alle Lebewesen. Richard von Weizsäcker sagte einst: „Der Mensch braucht die Natur, die Natur den Menschen nicht." Der Mensch ist Teil der Natur, er ist ihr nicht übergeordnet. Erst wenn er das begreift, hat er eine Überlebenschance.

Ich bin also fest davon überzeugt, dass häufig Krankheiten auftreten, wenn man zu viel Zeit auf diesem natürlichen Reizzonennetz verbringt, welches eine noch unbekannte Energie abstrahlt. Meiner Meinung nach muss man darauf achten, sein Bett nicht auf solchen Reizzonen und besonders auf sich kreuzenden Reizstreifen stehen zu haben. So ein Schlafplatz ist unbedingt zu meiden.

Das Reizzonennetz, das sich um die Erde spannt, hat eigentlich uneingeschränkt Vorteile, wenn es entsprechend genutzt wird. Ignoriert man jedoch einige Tatsachen, treten Nachteile ein, so wie bei Autobahnen, wo Unfälle passieren, wenn Raser oder Geisterfahrer unterwegs sind. Ansonsten hat die Autobahn ja auch sehr viele Vorteile, wenn sie nicht gerade dicht an Wohnhäusern vorbeiführt, was dann auch Nebenwirkungen für die Gesundheit herbeiführen kann.

Das Straßennetz ist natürlich allen bekannt, was aber leider nicht auf das Reizzonennetz der Erde zutrifft. Auch das Stromnetz hat sehr nützliche Seiten und macht das Leben bequem. Aber es gibt ebenfalls Nebenwirkungen wie magnetische Wechselfelder. Deswegen ist jedoch nicht jedes eingeschaltete Elektrogerät als kritisch zu bewerten.

Für mich ist dieses natürliche Reizstreifennetz ein wichtiges Netz, wobei jedoch bestimmte Dinge beachtet werden müssen, wenn es um die Verteilung der Energie geht. Menschen sind nämlich von Natur aus Strahlenflüchter, was ich auch noch weiter ausführen werde.

Wenn man sich ohne Sonnencreme in die pralle Sonne legt, bis man rot ist wie ein Krebs, wird dies von niemandem als vernünftig betrachtet. Es wird einem geraten, in den Schatten zu flüchten, ein T-Shirt anzuziehen oder Sonnencreme aufzutragen. So kann man wenigstens den Hautkrebs, der wahrscheinlich durch zu viel Sonnenbestrahlung (UV-Strahlen) entsteht, verhindern. Warum sollte man also nicht vor den Erdstrahlen flüchten? Eine Creme oder einen sicheren Schutz gibt es dagegen nämlich nicht. Das werde ich noch ein wenig näher erklären.

Das Problem bei den Erdstrahlen ist die Verweilzeit auf diesen Strahlen. Die Sonne auf der Haut erkennt man schon nach einer Stunde, die Strahlen der Reizzone jedoch erst nach einigen Jahren. Diese lange Einwirkzeit, in der eine ernste Krankheit entstehen kann, wird der Grund sein, warum man bei Krankheiten an alle möglichen Ursachen denkt, aber nicht an einen falschen Schlafplatz.

3. Einige konkrete Beispiele

Ich erinnere mich noch genau daran, als eine Sportkameradin, die mit meinen Töchtern Alice und Adriana in deren Jugendzeit Kunstrad fuhr, mit 16 Jahren an einem Gehirntumor starb. Es war schrecklich, als wir die Nachricht ihres Todes bekamen.

Zu dieser Zeit praktizierte ich schon mein Wünschelrutenhobby und Alice, meine älteste Tochter, drängte darauf, dass ich bei der Familie einmal messen sollte. Es ist jedoch eine sehr delikate Situation, eine trauernde Familie zu bitten, mit der Wünschelrute kommen zu dürfen, um herauszufinden, ob die verstorbene Tochter auf einer Reizzone geschlafen hat.

Wir wagten es dann aber doch, und zwar um zu verhindern, dass ein anderes Familienmitglied in diesem Bett schlafen würde, wenn sich eventuell herausstellte, dass es ein pathogener Schlafplatz wäre. Die Familie der Sportkameradin willigte auch sofort ein und ich ging wie immer zuerst außen um das Haus herum, um die Stellen zu markieren, an denen meinen Messungen nach eine Reizzone ins Haus lief.

Als ich diese Messung dann im Haus weiterverfolgte, hätte das Ergebnis nicht klarer sein können. Genau unter dem Kopfkissen des Mädchens kreuzten sich zwei Reizstreifen. Für mich ist eine solche Lage die schlechteste Ausgangsposition überhaupt und dies ist somit ein Krankheit erzeugender Schlafplatz.

***

Bei einer anderen meiner Messungen ging es um ein immer kränkelndes Kind. Ich hatte einen Termin mit der Mutter dieses Kindes vereinbart.

Die Dame hatte mich angerufen, da sie aus meinem Umfeld wusste, dass ich mit der Wünschelrute Reizzonen aufspüren konnte. Bei dem Anruf klagte sie mir ihr Leid, dass eines ihrer beiden Kinder immer kränkelte und dass sie diesem Umstand näher auf die Spur gehen wolle. Sie erwähnte, dass der Kinderarzt ihr empfohlen habe, sich einmal mit einem Rutengänger in Verbindung zu setzen. Ich war erfreut zu hören, dass dieser Tipp von einem Arzt gekommen war, was eigentlich kaum vorkommt.

Allerdings hatte diese Frau, wie sie mir darlegte, ein großes Problem, da ihr Mann von meinem Besuch nichts erfahren durfte. Sie teilte mir mit, dass sonst der Teufel bei ihr los wäre. Aus diesem Grunde riet ich ihr, mich anzurufen, wenn ihr Mann mindestens eine Stunde nicht zu Hause war. Ich versicherte ihr, dass ich mich dann sofort auf den Weg zu ihr machen würde.

Dieser Anruf war nun erfolgt und ich musste mich sputen, um zur abgesprochenen Zeit bei der Dame zu sein. Es interessierte mich sehr, ob ich dem Kind helfen könnte. Ungefähr zehn Minuten später erreichte ich die Adresse. Ich parkte in der Einfahrt, stieg aus, ergriff meine Ruten und ging auf die Frau zu, die schon ein wenig aufgeregt in der Haustür stand. Ich begrüßte sie freundlich, schüttelte ihr die Hand und wir wechselten ein paar Worte. Genau in dem Moment vernahmen wir das Geräusch eines Autos, welches immer näher kam. Es bog dann auch geradewegs in die Einfahrt ein und ein Mann stieg langsam aus dem Wagen. Aus dem Gesicht der Frau wich jegliche Farbe. Ihrem Gesichtsausdruck nach zu urteilen dachte ich mir sofort, dass es wohl ihr Ehemann sei, der unerwartet früh zurückgekommen war.

Mit einem Blick auf die Wünschelruten in meiner Hand polterte der Mann im Näherkommen auch sofort los, dass es so einen Hokuspokus bei ihm nicht gäbe. Er warf seiner Frau einen giftigen Blick zu und stand nun mit vor Zorn gerötetem Gesicht vor mir. Ich überlegte hastig, was ich machen sollte. Ich wollte keinen Ärger mit diesem Herrn, aber ich mochte auch die Mutter des Kindes nicht enttäuschen, die mich um Hilfe gebeten hatte. Ich nahm meinen Mut zusammen und erklärte dem liebenswerten Ehegatten, dass ich gar nicht in sein Haus gehen wolle, sondern für meine private Erkenntnis nur einmal außen ums Haus herum. Nach einem kurzen Zögern willigte der Mann dann ziemlich ungern ein.

Unter seiner strengen Beobachtung ging ich nun konzentriert mit meinen Wünschelruten um das Haus herum. Die Ruten schlugen dann auch auseinander und ich markierte nach meinen Messungen zwei verschiedene Stellen mit einem Stein auf dem Boden.

Ich ging zu dem Ehepaar hinüber und erklärte ihnen, dass nach meiner Erkenntnis von der einen durch den Stein markierten Stelle bis zu der anderen ein Reizstreifen durch das Haus führte. Die beiden könnten nun selbst beurteilen, ob der Streifen durch das Kinderzimmer verliefe oder nicht.

Der Mann schaute etwas irritiert auf seine Gattin, wurde plötzlich viel freundlicher und bat mich, mit ihnen ins Haus zu gehen. Ich fühlte mich erleichtert, da ich solche Konfliktsituationen nicht besonders mag. Der Ehemann führte mich durch zwei Räume und eine Treppe hinauf bis in das Kinderzimmer, wo das Spielzeug aufgeräumt im Regal stand. Die Mutter hatte wohl vorgesorgt. Hier erkannte ich auf den ersten Blick, dass in dem Kinderzimmer, in dem zwei Betten standen, der gefundene Reizstreifen genau durch ein Bett verlief. Die Eltern bestätigten, dass es tatsächlich das Bett des kränkelnden Kindes war. Sie überlegten auch sofort, wie sie das Bett umstellen wollten. In diesem Fall war die Bettverschiebung relativ einfach, da in dem Zimmer andere mögliche Stellen zur Verfügung standen. Das war gut, da ich aus Erfahrung weiß, dass es nicht immer so leicht ist.

Als ich mich verabschiedete, fühlte sich der Familienvater doch verpflichtet, sich für seine unfreundliche Begrüßung zu entschuldigen. Auch wenn er nicht wirklich an das Rutengehen glaubte, hatte ihn die Tatsache, dass ich das Zimmer gar nicht sehen wollte und dass dies alles unentgeltlich und auf freiwilliger Basis geschah, doch zum Nachdenken gebracht. Seine Frau bedankte sich jedoch herzlich und versprach mir, mich auf dem Laufenden zu halten, was die Gesundheit ihres Sprösslings anbetraf.

Zu Hause angekommen vermerkte ich diese neue Messung in meinen Unterlagen. Darin bezeichnete ich diese gefundene Zone als einen Reizstreifen. Da ich im Garten des Wohnhauses dieser Familie keinen Brunnen gesehen und natürlich auch nicht nach Wasser gebohrt hatte, konnte ich diese Zone nicht als Wasserader benennen. Ich weiß nämlich, dass die Reizstreifen, die man mit der Wünschelrute finden kann, nicht unbedingt Wasseradern sein müssen. Bei meiner ersten Wünschelrutenerfahrung im Jahr 1976 habe ich immerhin auch eine Kabeltrasse aufgespürt und später dann eine defekte Wasserleitung aus Kunststoff. Warum das so ist, erkläre ich später.

Ein paar Wochen danach bekam ich den Anruf von der Mutter des Kindes, die äußerst erleichtert war und mir ihren Dank ausdrückte, da es ihrem Kind wieder gut ging.

***

Ein anderer Fall trug sich im Jahr 1979 zu, als ich selbst plötzlich starke Schluckbeschwerden bekam. Daraufhin ging ich zu einem Arzt, welcher nach einigen Untersuchungen eine Schilddrüsen-Szintigraphie anordnete, wobei die regionalen Schilddrüsen-funktionen durch radioaktive Mittel bildlich dargestellt werden. Bei dieser Untersuchung entdeckte man in meiner Schilddrüse einen kleinen kalten Knoten. Ich sollte nun alle drei Monate zu einer Vorsorgeuntersuchung kommen, um sicherzugehen, dass sich der Knoten nicht vergrößerte.

Nach dem ersten Arztbesuch zögerte ich jedoch keine Sekunde. Ich stellte das Ehebett, in dem sich nach meinen eigenen Messungen zwei Reizstreifen auf Kopfhöhe kreuzten, sofort um. Ich schob es auf einen störzonensicheren Platz im Zimmer, auch wenn dabei die gute Aussicht in den grünen Garten mit dem Damwild verloren ging.

Nach einigen Tagen wurden meine Schluckbeschwerden dann besser. Nach acht Wochen waren sie wie weggeblasen und ich ging nur noch zweimal zum Arzt zur „Vorsorge". Ich nahm keine Medikamente, sondern stellte nur mein Bett um. Danach trat das Problem nie wieder auf.

***

Im Jahr 1995, also 16 Jahre nachdem ich die Schluckbeschwerden im Hals gespürt hatte und bei mir ein Knötchen festgestellt worden war, nahm ich an der Beerdigung der Frau meines Chefs teil, die mit 50 Jahren an Schilddrüsenkrebs gestorben war. Ich erinnerte mich daran, dass sie sich am Anfang ihrer Krankheit zurückgezogen hatte, sodass es keine Gelegenheit gegeben hatte, mit ihr über das Thema ins Gespräch zu kommen.

Einige Zeit danach, als das Krebsstadium schon weit fortgeschritten und die Frau sehr geschwächt war, hatte ich ein paar Worte mit ihr wechseln können. Bei dieser Gelegenheit hatte sie mir von ihrem Krankheitsfall berichtet. Hier kam aber jede Hilfe einer Reizzonenmessung zu spät, da sie kurze Zeit später starb.

Ich war zu der Zeit sehr erschüttert, wie identisch die Symptome zu meinem eigenen Fall waren. Es hatte auch bei ihr mit Schluckbeschwerden angefangen, genauso wie bei mir damals.

***

In der Nachbarschaft gibt es auch einen Fall, bei dem ich Messungen vorgenommen habe.

Ich hatte mir fest vorgenommen, meinen Nachbarn, Herrn Gruber, anzurufen, dessen Frau vor einigen Jahren an Eierstockkrebs gestorben war und der heute, ein paar Jahre später, selbst auch an Krebs litt.

Ich war nämlich mit meinen Ruten einer Reizzone im nahen Waldgebiet nachgegangen, auf der sich auch eine Eiche befand, die in alle Richtungen wuchs. Das ist ein Phänomen, das ich öfter beobachtet habe. Manche Eichen, die auf Reizstreifen stehen, wachsen in eine Richtung und dann plötzlich wieder in die andere, so als wüssten sie nicht, wo der angenehmste oder sicherste Standplatz ist.

Eiche mit wechselhaftem Wuchs

Als ich, immer noch der Reizzone folgend, aus dem Waldstück heraus auf die Straße kam, stieß ich nach 200 Metern rein zufällig auf die Giebelwand eines Wohnhauses, und zwar des Hauses von Herrn Gruber. Hier ist besonders zu beachten, dass ich eine Reizzone im Wald verfolgt habe und unbeabsichtigt auf das Haus gestoßen bin. Da die Möglichkeit bestand, auch an der anderen Giebelwand längs vorbeizugehen, tat ich das. Dabei traf ich wiederum auf die Verlängerung des Reizstreifens.

Ich dachte an die Frau meines ehemaligen Chefs zurück, bei der ich erst in den letzten Wochen vor ihrem Tod die Chance hatte, eine Messung vorzunehmen. Ich würde zwar nie erfahren, ob ein Umstellen ihres Bettes im frühen Stadium den Krankheitsverlauf verändert hätte, aber ich wollte es auf keinen Fall versäumen, vielleicht einem anderen Menschen zu helfen.

Für Frau Gruber war es ja leider auch zu spät. Ich nahm kurz entschlossen den Telefonhörer zur Hand und rief Herrn Gruber an. Nach einer kurzen Erklärung bat ich ihn, doch einmal zum Waldrand zu kommen, da ich ihm dort etwas zeigen wolle. Dieser stimmte sofort zu und ich machte mich mit meinen Ruten auf den Weg nach draußen.

Am Ziel angekommen begrüßte ich Herrn Gruber, der schon bereitstand, und erklärte ihm den Wuchs der Eichen sowie die dort verlaufenden Reizstreifen. Der Nachbar hörte interessiert zu. Nach dem kleinen Vortrag ging er mit mir den Streifen entlang bis zur Giebelwand seines Hauses, zum Ein- und Austrittspunkt des Reizstreifens. Er war erstaunt und neugierig zugleich, als die Ruten in meinen Händen auseinandergingen.

Nach dieser Messung bat Herr Gruber mich ins Haus, in dem ich nie zuvor gewesen war. Der Hausherr konnte dort selbst ausmachen, dass der außen festgestellte Streifen quer durch beide Betten lief. Erst jetzt holte ich einen Zettel aus der Tasche, auf dem ich zuvor eine kleine Skizze gemacht hatte, wie die

Betten meiner Meinung nach stehen müssten. Da Herr Gruber und auch seine Frau betroffen waren, konnte ich mir den Stand der Betten gut ausmalen, da der Streifen durch beide hindurchlaufen musste. Herr Gruber, ganz verdutzt, dass die von mir vorab angefertigte Skizze genau der Wirklichkeit entsprach, war sehr betroffen und wollte keine Nacht mehr an diesem Platz schlafen.

Bei dieser Gelegenheit erinnerte er sich auch daran, dass er öfter in seinem Bett fröstelte, und er meinte, dass dies ein seltsames Gefühl sei. Er berichtete mir, dass er ein schreckliches Jahr hinter sich habe, in dem bei ihm ein Magenkrebs diagnostiziert worden sei.

Wir wechselten noch ein paar Worte, bevor ich mich verabschiedete und mich wieder auf den Heimweg machte.

***

In wiederum einem anderen Fall meldete sich eine Frau Müller bei mir. Sie hatte von ihrer Tochter gehört, dass ich mit der Wünschelrute umgehen kann, und bat mich um einen Besuch. Den sagte ich ihr auch gleich zu und fuhr zu der alleinstehenden Frau, die in einem Einfamilienhaus wohnte. Bevor ich sie begrüßte, ging ich wie immer draußen ums Haus und fand zwei Reizstreifen, die ich dort kenntlich machte. Als ich dann ins Haus ging, erzählte mir Frau Müller gleich nach der Begrüßung, dass sie Krebs habe. Ich erklärte ihr, was ich draußen am Haus schon festgestellt hatte. So gingen wir zum Fenster und ich zeigte ihr die markierte Stelle sowie die drei anderen Stellen. Ich erklärte ihr, dass sie sich in Gedanken einen gespannten Faden durchs Haus, von der einen zur anderen Markierung vorstellen müsse. Dies haben wir zusammen so vollzogen und kamen zu einem Kreuzungspunkt in der Küche, auf dem ein Stuhl stand. Ich bekam sofort die Erklärung von ihr, dass dies ihr Lieblingsplatz sei, sie dort das Essen vorbereite, esse und nachmittags dort lese. Ihr Bett war allerdings frei von Reizstreifen.

Ich konnte Frau Müller noch einen zweiten Wunsch erfüllen. Sie hatte ein Telefon und wusste nicht, wo die Leitung ins Haus geführt wurde. Ich fand im weiteren Abstand einen Freileitungsmast, an dem das Kabel ins Erdreich führte. Diesem ging ich mit der Rute nach bis an die Außenhauswand. Dort war nichts vom Telefonkabel zu sehen. Im Keller konnte ich dann jedoch das Kabel an der ausgemessenen Stelle freilegen bzw. sichtbar machen.

***

Bei wiederum einem anderen Fall handelte es sich um die Französischlehrerin meiner Frau Luise. Luise verfolgt natürlich meine sämtlichen Forschungen mit, auch wenn sie manchmal der Meinung ist, dass ich die Sache übertreibe. Meine Begeisterung für dieses Thema scheint allerdings ansteckend zu sein. Von den immer wieder neu gewonnenen Erfahrungen, die jedes Mal aufs Neue das gleiche Ergebnis zeigen, ist sie ebenso sehr beeindruckt.

Ihre Lehrerin, Frau Tolger, eine ursprüngliche Französin aus Cherbourg in der Normandie, unterrichtet sehr gut und es macht allen viel Spaß, mit ihr zu lernen.

Im vierten Kursjahr erkrankte Frau Tolger jedoch leider erneut an Krebs. Sie hatte geglaubt, die Krankheit, die erstmals im Jahr 2007 aufgetreten war, besiegt zu haben. Nun war sie unglücklicherweise wieder ausgebrochen und es ging ihr zeitweise sehr schlecht. Sie bekam eine Chemotherapie und die Haut ihrer Hände und Füße war sehr angegriffen. Sie kam aber tapfer in Sandalen zum Kurs und trug weiße Baumwollhandschuhe, damit der Unterricht möglichst nicht ausfiel.

Als es sich so ergab, sprach Luise Frau Tolger am Ende einer Französischstunde auf das Thema an und berichtete der Lehrerin, dass ich das Wünschelrutengehen als Hobby betrieb. Luise erzählte ihr auch, dass bei vielen Krankheitsfällen, die ich geprüft hatte, eine Reizzone im Spiel gewesen sei. Falls Frau Tolger damit einverstanden wäre, würde ich gern einmal interessehalber bei ihr zu Hause messen, ob ihr Bett vielleicht auf einer Reizzone stünde.

Die Französischlehrerin ging gern auf dieses Angebot ein und sie vereinbarten einen Termin.

Als wir am besagten Tag bei Tolgers ankamen, wurden wir von Frau Tolger an der Haustür begrüßt.

Wie immer ging ich außen um das Haus herum, um meine Messungen vorzunehmen. Auch hier bei Tolgers gab es eine Reizzone, die durch ihr Haus verlief. Ich brauchte nicht lange, um auch eine zweite Reizzone zu erkennen, die sich im Haus mit der ersten kreuzte.

Als wir letztendlich zusammen hineingingen, mit den notierten Messungen auf meinem Block, stiegen wir alle in den ersten Stock hinauf, um die Zimmer zu erkunden. Wenig überraschend ging auch hier eine der außen ermittelten Reizzonen genau durch Frau Tolgers Bett.

Der Hammer kam dann aber kurz danach. Im nebenan liegenden Arbeitszimmer, genau in dem Bereich, wo sich die beiden Reizzonen nach meinen Messungen kreuzten, stand der Stuhl vor dem Schreibtisch, auf dem Frau Tolger viel Zeit verbrachte, um die Arbeiten ihrer Schüler zu verbessern oder ihre Kurse vorzubereiten. Ein Reizstreifen unter dem Bett und zwei sich kreuzende Reizzonen unter dem Stuhl, auf dem sie sehr oft saß, das konnte nicht gut für die Zellen des Organismus sein.

Auf diesen Platz wollte sich Frau Tolger natürlich in Zukunft so wenig wie möglich setzen und das Ehepaar beabsichtigte, auch eine Lösung zu finden, um das Bett an einen reizzonenfreien Platz zu verschieben. Wie sie später berichtete, hat sie dies bei ihrer Tochter auch durchgeführt.

***

Vor Kurzem berichtete mir meine Tochter Alice, dass ihre Freundin an Brustkrebs erkrankt sei. Natürlich versprach ich ihr, bei meinem nächsten Besuch bei ihr in Südfrankreich den Schlafplatz zu untersuchen. Als ich dann dort tätig wurde, konnte ich jedoch keinerlei Reizstreifen im Haus feststellen. Da die Freundin jedoch schon seit Jahren den gleichen PC-Arbeitsplatz hat, liegt mir sehr daran, diesen Platz ebenfalls zu untersuchen. Leider hatte ich bisher noch nicht die Möglichkeit, diese Messung durchzuführen.

***

Vor nicht allzu langer Zeit rief mich Frau Grengel aus Köln an. Sie erzählte mir, dass sie früher einmal in meiner Wohngegend gelebt und von meinem Rutengehen gehört habe. Sie wollte nun wissen, ob ich diesem Hobby noch nachginge. Sie erklärte mir, dass sie noch nicht lange in dem jetzigen Haus wohne und sie auf keiner Wasserader schlafen wolle. Obwohl ich mich von den Hausbesuchen abgenabelt habe, sagte ich ihr zu.

Es handelte sich um ein längliches, rechteckiges Haus. Mit Frau Grengel hatte ich schon beim Telefonat abgestimmt, bei meiner Ankunft erst ums Haus zu gehen. Es liefen auf der Längsseite des Hauses zwei Reizzonen von der Straßenseite durch zur Gartenseite. Des Weiteren zog sich eine durch die Kopfseite des Hauses, wo sich direkt ein Nachbargarten mit einem jungen Apfelbaum anschloss. Dieser Apfelbaum hatte die Reizzone schon länger erkannt und sich weggebogen. Im Haus hatte Frau Grengel dann Glück. Sie brauchte ihr Bett nur in Richtung Fußende ein Stück weiterzuschieben, um einen Sicherheitsabstand zwischen der Reizzone und ihrem Kopf zu erreichen. Eine andere Dame aus dem Haus bestätigte mir, dass vor sehr langer Zeit ein Rutengänger die gleichen Streifen festgestellt hätte.

Bei einem späteren Besuch bei Frau Grengel fiel mir sofort der vormals schräge Apfelbaum auf. Die Besitzer hatten vor der Krümmung des jungen Baums einen Holzpfahl eingeschlagen und den Baum alle 20 Zentimeter mit Kabelbindern an den Pfahl gezurrt. Die Besitzer wissen sicher nicht, dass der Apfelbaum ein **Strahlenflüchter** ist.

Wie ich es Frau Grengel erklärte, habe ich mich den Hausbesuchen entzogen. Dass Reizzonen und Krankheiten in starkem Maße zusammentreffen, habe ich oft persönlich festgestellt. Um diesen ungeklärten Ursachen näherzukommen, versuche ich als Autodidakt eher mithilfe der Natur auf die Spur des Phänomens zu kommen. Wer mehr über aufgezeichnete Schlafstörzonen erfahren will, dem empfehle ich das Buch *Erfahrungen einer Rutengängerin* von Käthe Bachler.

4. Es gibt diese Zonen mit biologischem Einfluss

Schon der erste Kaiser der mythischen Xia-Dynastie in China, Yu der Große, erließ 2205 vor Christus ein Gesetz, welches besagte, es dürfe kein Haus gebaut werden, bevor die Erdwahrsager bestätigt hätten, dass das Grundstück frei von Erddämonen sei.

Das hört sich natürlich mit den damaligen Ausdrücken sehr dramatisch und fantasievoll an. Doch ich verstehe den Sinn sehr genau. Es sind die für manche Situationen negativen Energiequellen im Boden gemeint, die es natürlich auch heute noch gibt und die manche Menschen, so wie ich selbst, aufspüren können.

Ich wälze viele Bücher und stelle immer wieder Übereinstimmungen zwischen dem Geschriebenen und Beispielen in der Natur fest. So gibt es Tiere, die immer auf solchen Reizzonen zu finden sind. Wie schon gesagt, ein gutes Beispiel dafür sind die Wespen, als Strahlensucher.

Bei meinen Forschungen entdeckte ich im nicht ausgebauten Dachstuhl meines Hauses ein 50 Zentimeter großes Wespennest. Auch in dem großen Kamin des Nachbarhauses befand sich ein riesiges Hornissennest. Als ich diese Positionen mit den Messungen verglich, die auf meiner Karte eingezeichnet sind, stellte sich heraus, dass sich beide Nester genau auf einem Reizstreifen befanden. Genauso fand ich auch einen Meisenkasten, ausgebaut von Wespen, sowie zwei Wespenerdnester auf einer Wasserader, die den Brunnen unseres Nachbarhauses seit 1914 speist.

Kann man diese Bauten der Wespennester auf den Reizzonen Zufall nennen? Ich glaube nicht daran, dass es Zufall ist, da außerhalb dieser Reizstreifen kein Wespennest auffindbar ist. Dies beweist für mich die Aussage, dass Wespen Strahlensucher sind und sie dieses von der Erde eingerichtete Netz benutzen wie die Menschen ihr Straßen- oder Stromnetz.

Da sich alle Wespennester, mit einigen Tausend Wespen pro Nest, im Radius von 75 Metern auf einer Wasserader oder einem Reizstreifen befanden, ist es für mich vollkommen klar, dass man die Reizstreifen nicht einfach ignorieren kann. Auch in fremden Häusern traf ich oft auf Wespennester im Dachstuhl oder im Rollladenkasten. In allen Fällen befanden sie sich auf solchen Reizstreifen.

Wenn die Wespen diese Orte mit einem natürlichen System aufspüren können, warum sollte der Mensch nicht auch dazu fähig sein?

Ich habe schon so manche Theorien dazu aufgestellt, wozu diese Reizstreifen den Wespen wohl dienen mögen. Vielleicht zu einer besseren Orientierung, um ihr Nest zu finden und dadurch den Anflug zu erleichtern?

An einem besonders schönen Tag hielt ich mich mit meinen Ruten im Wald auf. Bei meiner Wanderung stieß ich dann plötzlich auf einen Holunderstrauch. Da Holunder ein ausgesprochener Strahlensucher ist, war dieser Strauch für mich fast ein sicheres Zeichen für die Gegenwart einer Reizzone. Es war dann auch kein falscher Alarm, da ich den Verlauf der Reizzone gleich mit meinen Ruten feststellte und dieser Zone weiter folgte. Nach einer gewissen Zeit kam ich an einem Ilex-Strauch an, an dem viele Tierhaare hingen. Bei näherem Hinschauen stellte ich fest, dass diese eindeutig von einem Dachs stammten. Ich überprüfte die Stelle daraufhin genauer und erblickte darunter im Boden ein ausgefressenes Wespennest. Dazu müssen Sie wissen, dass der Dachs Honig liebt.

Für mich ist so ein Störstreifen wie ein vorgezeichneter Weg, der mich durch die Landschaft führt und der durch die zahlreichen Zeichen der Natur bestätigt wird. Einige Meter weiter brachte er mich dann zu einer Birke mit einer riesigen Geschwulst.

Birke mit Geschwulst

Ich verfolgte die gleiche Fährte etwa 120 Meter weiter, wo ich ein weiteres, diesmal nicht ausgefressenes Wespenerdnest entdeckte, bevor ich dann am elterlichen Brunnen landete, der von 1914 stammt. Zu diesem Zeitpunkt konnte ich davon ausgehen, eine Wasserader verfolgt zu haben.

In meiner Hobbyzeit ist es mir bisher schon viermal passiert, dass ich einer Reizzone nachging und dann plötzlich vor einem Brunnen stand, an dem ich zuvor noch nie gewesen war. Daher kann ich dies nicht mehr als puren Zufall bezeichnen. Dies sollte die eingefleischten Skeptiker auch etwas nachdenklich stimmen!

Aber auch hier war das Erlebnis noch nicht zu Ende. Nach weiteren 25 Metern, immer noch auf dem gleichen Störstreifen, kam ich an der Garage vorbei, wo in einer Reihe elf Eiben stehen. Ich habe sie übrigens die „elf Apostel" getauft. Wie Sie sich jetzt vorstellen können, sind Eiben eindeutige Strahlensucher. Sie wurden dort nicht von Menschen gepflanzt, sondern von Vögeln, die den Samen gefressen hatten.

Eiben auf einer Wasserader

Hinter dem letzten meiner Apostel auf diesem Streifen steht eine stattliche Eiche. Vor drei Jahren hatten wir dieser durch einen Gartenbauer kranke Äste aus der Krone schneiden lassen. Der untere Stamm dieser Eiche war komplett mit einem Thuja-Lebensbaum umwachsen. Als ich dieses Gewächs entfernte, kamen zu meiner Überraschung kräftige Brandspuren eines Blitzes zum Vorschein. Da die Eiche auf einer Reizzonenkreuzung steht, war sie Empfänger für einen Blitz geworden, der hier seine Energie in die Reizzonen verteilt hatte.

Auch die weiteren benachbarten Eichenbäume, die ebenfalls vom Blitz getroffen worden waren, erweckten in mir ein besonderes Interesse. Eine fast am Talgrund stehende Eiche, die etwa 40 Meter tiefer gelegen ist als die umliegenden Bäume, wurde vom Blitz geviertelt. Das ist wahnsinnig interessant, da ich weiß, dass der Blitz eigentlich immer den geringsten Widerstand und den kürzesten Weg wählt. Aus diesem Grund muss der Blitz zu dieser Eiche, die im Vergleich zu anderen Bäumen, die keine Strahlensucher sind, am tiefsten im Tal stand, eine besondere Anziehung gehabt haben. Warum hätte er sonst nicht einen kürzeren Weg gewählt?

Meine Überprüfung ergab, dass auch diese Eiche auf einer Reizzonenkreuzung steht. Es ist also für mich nachvollziehbar – wie schon zuvor erwähnt –, dass die am besten leitenden Erdstreifen vom Blitz genutzt werden, da diese Streifen in Millisekunden einige Gigawatt Leistung aufsaugen müssen. Diese Leistung wird durch die Streifen in der Erde weitergeleitet und verteilt. Besonders eindeutig sind die vier ausgetretenen Brandspuren an der Eiche. Sie zeigen genau in die Richtung der Reizstreifen. Das ist für mich das sogenannte Verteilernetz, durch das die verlaufende Richtung am Baum angezeigt wird.

Bei einer anderen Waldwanderung sah ich im Nadelwald eine Fichte mit riesiger Geschwulst und – Sie haben richtig geraten –

tippte auf einen Reizstreifen. Den habe ich dann auch gleich mit meinen Messungen feststellen können.

Fichte mit Geschwulst

Selbstverständlich habe ich diese Reizzone dann noch weiterverfolgt und nach geschätzten 95 Metern stand ich vor einer vom Blitz getroffenen Eiche.

Blitzeiche

Die Reizstreifen lassen sich so lange nachverfolgen, wie es das Gelände zulässt.

Im Laubwald mit vorwiegend Eichen und Buchen fielen mir Blitzeinschläge ausschließlich an Eichen auf. Des Weiteren konnte ich feststellen, dass diese immer auf einer Kreuzung von zwei Reizzonen standen. Reizstreifen, die man mit der Wünschelrute finden kann, müssen nicht unbedingt Wasseradern sein. Sehr häufig waren alle vier Austritte des Blitzes aus der Eiche Richtung Reizstreifen zu sehen.

Das veranlasste mich, in meinen Unterlagen nach Berichten über Blitzeinschläge zu suchen. Fündig wurde ich in dem Buch von Gustav Freiherr von Pohl. Er schreibt:

*„Bei allen Blitzeinschlägen, bei denen der Blitz sichtbar in die Erde gefahren war, fand ich genau unter dieser Stelle immer wieder eine **Kreuzung** unterirdischer Wasserläufe in verschiedener Tiefe."*

Dies brachte mich dazu, einen Blitzeinschlag, der vor längerer Zeit ein Wohnhaus getroffen hatte, zu begutachten. Mir ging es jetzt darum, die bekannten Blitzeinschläge im Wald mit dem Blitzschlag in ein Wohnhaus zu vergleichen. Die Besitzer des Hauses stimmten einer Besichtigung sofort zu.

Der Blitz war in den ca. ein Meter über den Dachfirst hinausragenden Kamin eingeschlagen. Dabei wurde die verklinkerte Ostseite des Kamins abgeschlagen. Bei meiner Begehung der Giebelseite traf ich dann auf einen Reizstreifen genau unter dem Kamin, der von Ost nach West verlief. Beim Begehen der Längsseite des Hauses gab es wieder einen Reizstreifen, von Nord nach Süd unter dem Kamin verlaufend. Das bedeutet, dass der Blitz sich auch hier, wie im Eichenbaum, einen Kreuzungspunkt von zwei Reizstreifen gesucht hat.

Auch der Redwoods Park bei San Francisco in Kalifornien war für mich ein sehr großes Erlebnis. Bäume von solchen Ausmaßen sind überwältigend. Es war ein zwölf Kilometer langer Tagesmarsch durch den Redwood Park, aber auch 14 Tage hätten vermutlich nicht ausgereicht. Mein großes Interesse galt hier natürlich wieder den Reizstreifen auf einem anderen Kontinent. Direkt am Eingang des Parks steht ein riesiger Mammutbaum mit großem Blitzeinschlag. Schon die ersten Messungen mit Kompass und Ruten zeigten genau die gleichen Merkmale wie in der Heimat.

Blitzeinschläge am Mammutbaum, Redwood Park, Kalifornien

Mein Enkel hat eine schöne Bewegungsaufnahme gemacht, auf der man sieht, wie ich mit der Rute losgehe und sie in der Mitte des Blitzeinschlags auseinanderdriftet. Zum Beweis meiner Kompassmessung der Himmelsrichtung und des Blitzeinschlags von Norden nach Süden hat mein Enkel die Himmelsrichtung gegoogelt und sie im Bild eingeblendet. So sind Blitzeinschläge Nord-Süd und Ost-West auf dem Globalgitternetz mit Google überprüfbar.

Die Größe der Blitzöffnung deutet auf mehrere Blitzeinschläge hin, was in tausend Jahre alten, strahlensuchenden Bäumen, ohne Weiteres möglich ist. Das ist wieder eine Bestätigung, dass der Blitz sich des Globalgitternetzes bedient und nicht irgendwo einschlägt.

Auf dem nächsten Bild sieht man überdeutlich, dass der Mammutbaum ein Strahlensucher ist. Die Samen des Baumes sind rundum gewachsen. Das Reizzonenkreuz geht mitten durch den inneren Baum mit dem sichtbaren Blitzbrand. Wenn wir hier in tausend Jahren noch einmal vorbeigehen würden, wäre das Ganze ein zusammengewachsener riesiger Baum, vorne immer noch mit Blitzöffnung.

Es gibt hier einen Mammutbaum, durch den ein kleiner LKW durchfahren kann. Dies ist nur möglich, weil die Blitze in die Strahlensucher-Bäume, die bis zu 1.500 Jahre alt werden können, ihre Energie in die gleiche Richtung des gut leitenden Reizzonenkreuzes entladen. Wenn in die riesigen Bäume alle 75 Jahre ein Blitz einschlägt, (das heißt, so 15-mal in ihrem Lebensalter), schafft er dort eine große Brandöffnung.

Grob geschätzt waren 30–40 % der Bäume vom Blitz getroffen. Die Bäume, die ich messen konnte, standen auf einer Globalgitterkreuzung. Diese Bestätigung der Blitzeinschläge in dieser Fülle verdanke ich den bis zu 130 Meter hohen und bis zu 1.500 Jahre alten Bäumen.

Für mich sind ja die Blitze zur Aufrechterhaltung der Resonanzfrequenz im Globalgitternetz für alle Lebewesen erforderlich.

Hier ist deutlich zu erkennen, dass die Jungbäume auf dem Globalgitternetz gut wachsen:

Die Mammutbäume brauchen das Douglas-Eichhörnchen
und Hitze, durch Blitze oder Feuer, um ihre Samenzapfen für
die Nachzucht aufzusprengen.

Im Gegensatz dazu habe ich Bilder von Palmen, welche
Strahlenflüchter sind, die ich auf Teneriffa gemacht habe und
denen ein Sturm die Krone weggepustet hat. In der Umgebung
standen noch höhere Palmen, welche unversehrt waren. Bei
meiner Überprüfung der drei Standorte standen die Palmen auf
einem durchgehenden Reizstreifen. Vorstellbar ist, dass sie dort
gepflanzt wurden.

Messung der Palmenstandplätze…

…mit Strahlenflüchter-Palmen ohne Krone…

…welche abgefallen ist.

5. Das Wunder unserer Zellen

Nachdem ich nun erklärt habe, wie ich das von der Natur eingerichtete Netz sehe, werde ich meine Theorie darlegen, was mit unseren Zellen passiert, wenn wir sie längere Zeit, über Jahre hinweg, diesen Reizstreifen aussetzen.

Meines Erachtens nach werden die Zellen des Körpers nämlich durch längeres Verweilen auf den Reizstreifen geschwächt. Die Reizstreifen sind Ursache für verschiedene Krankheiten, unter anderem Krebs, die dann nach einigen Jahren oder durch andere Faktoren, wie z. B. Rauchen, ausgelöst werden. Bei einem gesunden Schlafplatz kann das Immunsystem den Raucher eventuell schützen. Nicht alle Raucher bekommen Lungenkrebs.

Bevor ich zu meiner Theorie komme, muss ich Ihnen erst ein wenig über unsere Zellen berichten, damit die Sache verständlicher wird.

Über unsere Körperzellen ist schon vieles geschrieben und erforscht worden. Die DNA in einem Zellkern setzt sich aus 3,2 Milliarden Bausteinen zusammen und hat den gesamten Bauplan des menschlichen Körpers gespeichert.

Ich stelle mir hier die Frage, ob so ein enormes System in der Natur aus reinem Zufall entstanden sein kann.

Da es während meiner langjährigen Wünschelrutenzeit so einige Fälle gab, in denen die Betten von Krebspatienten auf Reizzonen standen, interessiere ich mich natürlich sehr für die menschlichen Zellen und informierte mich darüber.

Meine zahlreichen vergleichbaren Erfahrungen, von denen Sie noch mehr lesen werden, spornten mich an, immer weiter zu forschen und diese Auswirkungen der Erdstrahlen auf die Zellen mit ähnlichen Phänomenen in der Natur zu vergleichen.

Ein riesiger Industriezweig, die Pharmazie, hilft den betroffenen Menschen mit Chemie und Bestrahlung, wenn die Krankheit erst einmal da ist. Die Krebsrate steigt jedoch leider weiter stark an. Alle zehn Jahre hört man von einem Durchbruch in der Krebsforschung, was aber leider noch nicht gelungen ist.

Wie schon gesagt, bin ich überzeugt, dass die Erforschung der Natur den Menschen eher zur Ursache der Krankheiten führen kann. Diese Überlegung hat mich dazu gebracht, das Phänomen Reizzone, Störzone oder Wasserader, Strahlenflüchter und Strahlensucher intensiver zu beobachten.

Was die Zellen anbetrifft, habe ich mich über das Thema der Entstehung des Lebens schlau gemacht. Im Internet konnte ich vieles nachlesen. Es wird dort die chemische Evolution zur ersten Zelle beschrieben und dann die biologische Evolution von der ersten Zelle bis zu den Mehrzellern.

Ich habe über die Theorie der Ursuppe gelesen, in der sich Wasser und Sauerstoff bildeten, Säuren dazukamen und Aminosäuren schwappten, bis letztendlich Blitze in die Ursuppe einschlugen. Wissenschaftler haben experimentiert und diesen Vorgang sehr genau nachkonstruieren können. Bei den Experimenten der Wissenschaftler wurden diese Blitze künstlich erzeugt. Mit der Ursuppe sind die Zellen sozusagen entstanden, sie hatten sich aber noch nie geteilt. Irgendwann ist es dann zur Teilung gekommen und es folgten die Entwicklung und die Evolution. An dieser Stelle möchte ich deutlich darauf hinweisen, dass die Blitze bei der Entstehung des Lebens wichtig waren. Der Gläubige wird sagen: „Das war der Funke Gottes.“

Eine einzige Zelle allein ist ein winzig kleines, aber extrem komplexes Teil mit allem Drum und Dran. Ich weiß also, dass die Zelle über Millionen von Jahren entstanden ist und dass Wissenschaftler den Aufbau einer Zelle bis zur lebenden Zelle ergründet haben.

Alles schön und gut, aber welcher normale Mensch kann so etwas schon nachvollziehen, wenn der Bericht von wissenschaftlichen Worten und Begriffen nur so trieft?

Aus diesem Grund erkläre ich den Aufbau einer Zelle wieder anhand eines Beispiels, das sich jedes Kind vorstellen kann. Das ist wohl der Einfluss, den meine Enkel auf mich haben. Ich vergleiche den Aufbau und die Entwicklung der Zelle mit der Entstehung und der Entwicklung eines Autos.

6. Meine Zelltheorie im Vergleich

4000 Jahre vor Christus wurde zuerst das Rad erfunden. Die ersten Wagen präsentierten sich dann als Karren oder Schubkarren, welche von Tieren oder Menschen angetrieben wurden. Schon im 13. Jahrhundert sagte ein Mönch vorher, dass es Karren geben werde, die ohne Tier oder Mensch funktionieren würden.

Vor 150 Jahren bewegten sich die Menschen dann zu Fuß oder mit Pferdekraft vorwärts. Danach kamen Wagen mit Dampfkraft, bevor Karl Benz ein Patent auf den ersten Motorwagen anmeldete. Hier wurde die Kutsche von Verbrennungsmotoren angetrieben und nicht mehr von Pferden gezogen.

Die modernen Autos von heute sind nicht mehr offen. Sie bestehen aus einer geschlossenen Hülle aus Blech, was ich mit der Hülle der menschlichen Zelle gleichsetze.

Beim Auto ist in dieser Hülle aus Blech alles drin, drum und dran. Es gibt tausend Einzelteile wie Handschuhfach, Tank, Auspuff, Benzinleitungen, Bremsleitungen, Lenkung, Motor, Kühler, Heizung Stoßdämpfer, Batterie, Innenbeleuchtung, Lenkrad, Sitze usw. Auch ein Radio und Telefon für die Verbindung zur Außenwelt sind vorhanden. Alle diese Dinge sind natürlich in der heutigen Zeit für den komfortablen Gebrauch des Wagens notwendig.

Ganz wichtig ist heutzutage ein noch von der Pferdekutsche herrührendes Bauteil, nämlich das Handschuhfach, welches ich mit dem ältesten Teil im Gehirn, dem Hippocampus, vergleiche. Im Handschuhfach werden in der heutigen Zeit jedoch meistens keine Handschuhe mehr gelagert, sondern die Betriebsanleitung mit Anwenderplänen für das Auto. Ich nenne diese Pläne „die DNA des Autos, im Zellkern Handschuhfach".

Jedes Jahr kommen Verbesserungen hinzu, wie der Airbag oder die Tatsache, dass Autos schon mitdenken und sprechen können. Manche Autos fahren immerhin schon autonom.

Aber wie kommt das Leben in den Wagen hinein? Ich spinne meinen Faden der Zelle Auto im Vergleich mit der biologischen Zelle weiter.

In der Fabrik wird das Auto von der Karosserie bis zum Aufbau, den Rädern, dem Motor usw. immer vollständiger. Die Batterie kommt hinein, bevor das Auto vom Fließband geschoben wird. Bis hierhin ist das Auto noch eine tote Zelle. Erst zu diesem Zeitpunkt wird es zum Leben erweckt, indem die schon zuvor geladene Batterie durch Knopfdruck dem Anlasser Spannung gibt und somit anspringt. Das Auto läuft so lange, wie es Futter bzw. Benzin aus dem Tank und Sauerstoff aus der Luft bekommt.

Die Lichtmaschine, die beim Fahren angetrieben wird, sorgt dafür, dass die Batteriezelle immer geladen ist. Diese liefert die Spannung für die Zündkerze, sodass das komprimierte Benzingemisch zündet, man hupen kann und Licht hat. Die Lichtmaschine, welche das Kraftwerk im Auto ist, vergleiche ich mit den Mitochondrien in den menschlichen Zellen. Wissenschaftler bezeichnen die Mitochondrien als „kleine Energiekraftwerke" einer Zelle.

Wenn eine Batterie im Auto schwach wird, springt das Auto nicht mehr an. Dafür reicht ein Absinken der Ausgangsspannung um 10 bis 13 %.

Meiner Meinung nach passiert eine solche Schwächung auch mit den menschlichen Zellen auf einer Reizzone. Alle Lebewesen brauchen unbedingt die elektromagnetischen Wellen, das heißt, die Verbindung zum Planeten. Deshalb sollten sie sich aber nicht täglich bzw. jede Nacht stundenlang auf dessen Verteilernetz aufhalten. Die Reizstreifen, die ich mit der Wünschelrute aufspüren kann, und durch die meiner Meinung nach der Blitz die Energie über die Erde verteilt, stellen allerdings genau solch ein Verteilernetz dar.

Mir ist bewusst, dass erst mit Kenntnis der physikalischen Größe erklärbar ist, zu welchen Irritationen es auf diesen Reizstreifen kommen kann. Wer sich acht Stunden in die elektromagnetischen Wellen der Sonne legt, der weiß anschließend genau, was passiert ist, wenn er den Sonnenbrand im Spiegel entdeckt oder die Schmerzen spürt. Im Vergleich dazu ist die Wirkung bei den Erdstrahlen natürlich sehr langsam, aber deswegen sind diese keineswegs ungefährlicher für den Körper.

In einem Bericht auf erweiterte-medizin.de habe ich gelesen, dass die menschlichen Körperzellen mit ca. 80–100 Millivolt arbeiten, doch die Krebszellen nur noch 20 bis 30 Millivolt zur Verfügung haben.

Ich vermute ganz stark, dass dieser Spannungsabfall entsteht, während der Mensch mehrere Stunden pro Tag, oder Nacht, über Monate und Jahre hinweg auf einem Reizstreifen verbringt. Meine Theorie ist, dass die Spannung der menschlichen Zellen hier durch elektromagnetische, magnetische oder durch sonstige Wellen aus der Erde punktuell geschwächt wird. Diesen Vorgang kann man auch „destruktive Interferenz" nennen. In der Elektrotechnik bedeutet das, dass zwei Wellen gegenphasig schwingen und sich so gegenseitig auslöschen, wenn Wellenberg auf Wellental trifft. Das könnte somit den Spannungsabfall der Zellen hervorrufen und sie schwächen. Diesen Nachteil für die menschlichen Zellen nutzen die Wissenschaftler vorteilhaft für die Lärmbekämpfung. Hier werden Schallwellen phasenverschoben so zusammengebracht, dass Wellenberg und Wellental übereinanderstehen und sich damit gegenseitig auslöschen, was die Lärmbelästigung stark mindert.

Wie die bekannten elektromagnetischen Wellen der Sonne auf die Haut wirken, wissen die Menschen, aber wie die elektromagnetischen Wellen bzw. die noch unbekannte physikalische Kraft der Reizstreifen auf den menschlichen

Körper wirkt, bedarf dringend der Erforschung. Deswegen mein Hilferuf an die Wissenschaft!

Für mich spielt hier das menschliche Immunsystem bei der Abwehr eine wichtige Rolle, weil es den Spannungsabfall in den punktuell betroffenen Zellen erkennt.

Nehmen wir wieder den Vergleich mit dem Auto. Wenn ein Auto nicht anspringt, lädt man die Batterie ein paar Stunden auf und mit mehr Energie fährt es wieder los.

Ich vermute, dass das Immunsystem des menschlichen Körpers genauso denkt. Erst einmal stellt es fest, dass es keine Eindringlinge wie Viren oder Bakterien gibt, und dann diagnostiziert es einen „Defekt durch Spannungsabfall" in den Zellen.

Nach dieser Feststellung kommt dann der Befehl des Immunsystems: „Mitochondrien (kleine Energiewerke) vermehrt euch, wir brauchen mehr Energie!" Diese Hilfe des Immunsystems, die Mitochondrien und Zellen zu vermehren, kann aber erst aufhören, wenn die Ursache für den Spannungsabfall, d. h. die Bestrahlung aus der Erde, beseitigt ist. Ansonsten kommt es bei weiterem Spannungsabfall im Körper zu Krebszellen, was das Immunsystem weiß und verhindern will.

Bleibt man also weiterhin jede Nacht auf diesen Reizzonen liegen, kann die Verminderung der Spannung der Zellen nicht aufgehalten werden. Treten nämlich weiter punktuelle Interferenzen durch die Reizstreifen auf, versucht der Körper weiter, den Spannungsverlust durch Vermehrung der Zellen auszugleichen, um die Krankheit zu verhindern. Es dauert jedoch einige Zeit, bis ein Knoten (Wucherung) angehäuft und der dann bösartig wird, oder werden kann. Diese Wucherungen oder Geschwülste kann man an vielen Bäumen sehen. Wenn die Ursache für den Energieverlust an der gestörten Stelle nicht behoben wird, vermehren sich die Mitochondrien immer weiter, um die verringerten Spannungswerte auszugleichen.

Das Gleiche gilt für eine schwache Autobatterie, denn wenn man sie an eine Dauerladung hängt, nimmt die Batterie Schaden. Beim Menschen nennt man das am Ende unglücklicherweise oft Krebs.

Ich bin diesem Drama sehr wahrscheinlich entgangen, indem ich vor einigen Jahren mein Bett umgestellt habe.

Ich bemerke, dass es häufiger dort zu Krebs kommt, wo schnell viele Zellen erneuert werden, wie z. B. im Darm. Das Herz behält seine Zellen fast ein Leben lang und ich vermute, dass man daher noch wenig von Herzkrebs gehört hat.

Die Natur stellt diese Sache betreffend natürlich Vergleiche bereit. Das Phänomen Baumkrebs kenne ich von Hunderten von Bäumen, welche selbstverständlich fast ausnahmslos auf Reizstreifen stehen.

Mein Fazit heißt: „Ohne Lichtmaschine im Auto, oder ohne Mitochondrien in der Zelle, und damit ohne Spannung (Volt), läuft nichts."

Daher suche ich immer weiter nach einer Möglichkeit, diese für mich folgenschweren Reizzonen anders als mit der Wünschelrute messen zu können. Es ist mein Leitmotiv geworden.

In der Freizeit befasse ich mich so oft wie möglich mit dem Wünschelrutenphänomen. Mein Hauptziel dabei ist die Klärung des Rutenausschlags. Ich erinnere mich an einen Vorfall nicht lange nach meinen ersten Erfahrungen mit der Wünschelrute. In dem Betrieb, in dem ich zu dieser Zeit arbeitete, fiel eine Wasserleitung, die der Maschinenkühlung diente, aus. Da das Gebäude früher einmal ein Bauernhof war, gab es keinerlei Aufzeichnungen, von wo diese Leitung durch die Wiese zum Bach verlief. Ich nutzte diese Situation aus, um einen Test für mich zu machen.

Ich ging also mit einem Kollegen aus dem Betrieb und meiner Wünschelrute kreuz und quer über die Wiese mit dem Gedanken, die Wasserleitung (aus Kunststoff) zu finden. Nach kurzer Zeit drehte sich die Rute tatsächlich. Um jedoch ein längeres Stück der Wasserleitung festzulegen, kreuzte ich sie im Abstand von zehn Metern, noch ein paarmal. Danach bat ich meinen Mitarbeiter, einen Graben von einem Meter Länge quer über dem vermuteten Rohr auszuheben. Nach dem Buddeln stieß er in einer Tiefe von ca. 60 Zentimetern genau in der Mitte des Grabens auf das Rohr der Wasserleitung. Diese sensationelle Information ging damals wie ein Lauffeuer durch den Betrieb und ich spürte einen Hauch von Anerkennung.

Der von mir sehr geschätzte Physiker Vince Ebert schrieb in einem seiner Bücher: „Bleiben Sie neugierig!" Darin beschrieb er auch, wie man ein Phänomen so kurz und knackig erklären kann, dass es beim Zuschauer klick macht. Er sagte weiter, dass manche Fragen sich sehr schnell beantworten ließen und gab als Beispiel:

„Frage: Wie funktionieren Wünschelruten?"

„Antwort: „Gar nicht!"

Ich weiß, dass die Worte „Wissenschaft" und „Rutenausschlag" noch weit voneinander entfernt sind. Der Rutenausschlag ist bisher in keinem physikalischen Lehrsatz unterzubringen. Da die Antwort des Physikers auf diese Frage: „überhaupt nicht", jedoch nicht mit meiner Erfahrung übereinstimmt, betrachte ich als Nichtphysiker diesen Sachverhalt aus meiner eigenen Sicht. Die Hummel, welche 0,8 Quadratzentimeter Flügelfläche hat, 1,2 Gramm wiegt und somit nach den damaligen Kenntnissen nicht fliegen konnte, schien das nicht zu wissen und fliegt deswegen auch heute noch. Genau wie die Hummel kann ich trotz mangelnder Erkenntnisse Reizzonen aufspüren.

7. Blick in die Vergangenheit und Gegenwart

Bei meinen andauernden Überlegungen suche ich immer wieder den Vergleich mit der Vergangenheit. Das Rutengehen kann viele, viele Jahre zurückverfolgt werden und das Wasser war zur damaligen Zeit genauso lebensnotwendig wie heute. Die Familien haben sich früher nur an Orten mit Wasser niederlassen können. Der Unterschied war, dass in der Küche damals der Wasserhahn fehlte und es die Steckdose mit Wechselstrom auch noch nicht gab.

Die Wünschelrutengänger fanden also damals schon das gleiche bestehende, eventuell auch leicht veränderliche Netz um die Erde, welches ich und andere Radiästheten auch heute noch wahrnehmen können. Hier taucht jetzt der Name Radiästheten auf. Er leitet sich vom lateinischen *Radius* (= Strahl) und dem aus dem Griechischen stammenden Wort *Ästhesie* (= Fühligkeit) ab. Radiästhet ist also die Bezeichnung für den Rutengänger, die Person, die Strahlen fühlen/aufspüren kann.

Wie schon erwähnt stieß ich bei sämtlichen Reizstreifen, die ich im Wald maß und denen ich dann folgte, auf eine vom Blitz getroffene Eiche. Meines Erachtens nach kommt dem Blitz eine größere Bedeutung zu, als die Wissenschaft bisher annimmt. So sah ich zum Beispiel einen Blitz, der ca. 30 Meter hinter meinem Schlafzimmer in eine Eiche einschlug. Diese Gewalt von gleichzeitigem Blitz- und Donnerschlag ließ mich für Sekunden erstarren. Wie diese Energiemenge von mehreren 10 Millionen Volt und Stromstärken bis zu 400.000 Ampere über mir in den Wolken komplett durch Reibung entstehen soll, ist für mich nicht vorstellbar.

Im Zusammenhang mit den Blitzen denke ich an die Neutrinos (elektrisch neutrale Elementarteilchen), deren Existenz 2015 bewiesen wurde und deren Entdecker mit dem Nobelpreis für Physik ausgezeichnet wurden. Ich habe gelesen, dass diese zum Beispiel auch bei der Kernfusion der Sonne entstehen und dann mit 60 Milliarden Neutrinos pro Quadratzentimeter und Sekunde durch uns und die Erde sausen.

Ich kann mir gut vorstellen, dass in dem Blitzkanal, der sich in einer Millionstelsekunde bildet und bis zu 30.000 Grad Celsius aufheizt, eine riesige Menge Neutrinos mitgenommen wird. Allerdings entziehen sich die Neutrinos weitestgehend den Messgeräten des Menschen.

Hier steht es also eins zu eins zwischen dem Wissenschaftler und dem Wünschelrutengänger. Beide Phänomene, das der Neutrinos und das der Erdstrahlen sind schlecht „direkt" messbar.

Auch zum Aufteilen einiger Blitze in mehrere Finger zur Erde hin habe ich so meine Vorstellungen. Ich vergleiche dies wieder mit dem Straßennetz. Ist die Autobahn voll und es staut sich, fahren die Autos auf Bundesstraßen oder Landstraßen ab. Genauso sieht es mit der riesigen Energiemenge des Blitzes aus, die in Millisekunden auf den gut leitenden Reizstreifen abfließen muss und keinen Stau zulässt.

Ich bin der festen Überzeugung, dass die Blitze für die Erhaltung der elektromagnetischen Kraftfelder auf der Erde zuständig sind. Die Grundfrequenz der ELF-Wellen (extreme low frequency – extrem niedrige Frequenz) beträgt 7,83 Hertz. Hertz ist eine Einheit, mit der die Häufigkeit, wie schnell bei einem periodischen Vorgang die Wiederholungen aufeinanderfolgen, gemessen wird (zum Beispiel bei einer fortdauernden Schwingung, Hertz = Schwingungen pro Sekunde).

Auf diese Grundfrequenz von 7,83 Hertz komme ich später zurück, wenn ich die Schumann-Frequenz erkläre.

Für mich sind die Blitze eindeutig das Kraftwerk unseres Globalgitternetzes der Erde, „der Funke Gottes".

Mir ist auch klar, dass der Strahlenflüchter Mensch, die Sensibilität, solche Strahlen zu empfinden und zu meiden, in die Wiege gelegt bekommen hat. Dafür habe ich später noch ein konkretes Beispiel. Dieses Phänomen verkümmert durch Nichtbeachtung jedoch bei der heutigen Zivilisation langsam, aber sicher. Das ist für mich ganz und gar sträflich.

Bei unseren Vorfahren gab es für ihr Netz Regeln, was ihre Schlafplätze anbetraf. Das weiß heute jedoch kaum noch jemand. Die Menschen von damals fühlten genau, dass die Reizstreifen, an denen man Wasser fand, kein Ort für Nachtlagerstätten waren.

Auch Tiere können an Krebs erkranken. Bei den Tieren in freier Wildbahn kann man allerdings fast keine Krebserkrankungen feststellen. Sie haben noch den normalen Spürsinn für Strahlenflucht und Strahlensuche. Bei Haustieren wie Hunden, Katzen, Kühen, Pferden und Mäusen werden der Stall und der Platz des Liegekorbs oder Käfigs vom Menschen ausgesucht. Somit geht der Spürsinn dieser Tiere verloren und sie werden viel häufiger krank als wildlebende Tiere.

Als meine Enkel Tom und Mathis noch jünger waren, wollten sie zur großen Freude ihrer Mutter Alice jeder eine Maus als Haustier haben. Alice und ihr Mann gaben letztendlich nach und die Familie wurde um zwei Nagetiere, später Cerise und Roulette getauft, vergrößert. Der Käfig wurde auf der Terrasse an die Hauswand gestellt, da er dort am wenigsten störte. Roulette hatte ihren Namen bekommen, da sie den ganzen Tag wie verrückt durch ihr Laufrad rannte und es so zum Drehen brachte. Die beiden Mäusedamen schienen topfit zu sein.

Maus in Topform

Innerhalb weniger Wochen entwickelten dann jedoch beide einen großen Tumor und schienen sehr zu leiden. So wurden die Tiere dann aus Verzweiflung im Garten ausgesetzt, wo sie wahrscheinlich das Frühstück einer der streunenden Katzen wurden.

Bei einem meiner nachfolgenden Besuche bei Alice und ihrer Familie in Südfrankreich fiel mir sofort die Eiche vor dem Haus auf, weil der prächtige Baum ganz trocken war. Natürlich habe ich den Platz sofort auf einen Reizstreifen geprüft, welcher auch genau dort vorhanden war, wo der trockene Baum stand.

Hier ist die Besonderheit, dass eine Eiche normalerweise gern auf einem Reizstreifen steht. Da die Krone des Baumes sehr groß geworden war, war sie vom Gärtner sicher etwas zu stark gestutzt worden. Danach wollte ich selbstverständlich wissen, wo bei meiner Tochter der Reizstreifen durchs Haus verlief. Nach der Messung wurde klar, dass er an der inneren Hauswand vorbeilief, was nicht weiter störte. Aber genau dort hatte der Käfig der zwei Mäuse gestanden.

Es war der einzige Reizstreifen weit und breit und wirklich Pech für die Tiere, dass ihr Käfig genau auf dieser Stelle seinen Platz bekommen hatte, der für sie tödlich endete.

Da Mäuse auch Strahlenflüchter sind und generell nur ein kurzes Leben haben, entwickelt sich der Tumor bei ihnen sehr schnell. Ein normales Mäuseleben in freier Wildbahn dauert sieben bis acht Monate. Beschützt, gefüttert und ohne Stress können sie bis zu drei Jahren leben. Allerdings nicht auf einem Reizstreifen.

Ich vergleiche das Netz meiner Vorfahren wieder mit dem heutigen Hausstromnetz. Das Stromnetz läuft von Haus zu Haus und wird von den verschiedensten Stellen von Energieerzeugern eingespeist. Unter einer Stromtrasse will heute jedoch keiner wohnen und an einem Kreuzungspunkt, wo die Trassen zusammengeführt und transformiert werden, erst recht nicht.

Das ganze Thema reizt mich besonders, da immer zuerst den älteren Menschen auffällt, dass Reizzonen, Asbest (Eternit), Rauchen, Elektrosmog usw. zu schlimmen Beschwerden führen können.

Unser Dach wurde 1971 mit Eternit gedeckt. Die Dachdecker waren damals beim Zuschneiden der Platten vor lauter Staub kaum zu sehen.

Im Jahr 2000, 29 Jahre später, kamen dann neue Dachdecker, zu ihrem eigenen Schutz vermummt wie Astronauten. Sie packten die Eternit-Platten in Folie und anschließend in einen abschließbaren Container.

2005 wurde Eternit dann europaweit verboten. Das Übel bei so einer Krankheit ist, dass vom Einatmen bis zum Krebs 10 bis 40 Jahre vergehen. Ich habe gelesen, dass es Eternit seit etwa 100 Jahren gibt, mit bisher mehr als 160.000 Asbesttoten weltweit, eine Zahl, die bis zum Jahr 2020 immer noch ansteigt.

Für mich bleiben die Asbestfasern und die dadurch entstehende Asbestose sowie der häufig folgende Krebs jedoch nur ein Symptom und nicht die Ursache für den Krebs, da nicht alle Personen, die eine Asbestfaser in der Lunge haben, Krebs bekommen. Asbestose ist nicht einmal die schwerwiegendste Folge von Asbest. Das Mineral ist nicht biologisch abbaubar und daher schließt das Gewebe die Fasern durch netzartige Wucherungen und Vernarbungen in der Lunge fest ein. In diesem Zustand hält uns das Immunsystem, wenn auch mit starkem Luftmangel, am Leben. Meine Behauptung ist, wer jetzt noch zusätzlich von einer Reizzone geschwächt wird, bekommt Krebs, ähnlich wie beim Raucher.

Einen passenden Sachverhalt zu diesem Thema habe ich heute in der Tageszeitung gelesen:

„Welche Erreger sind an der Entstehung welcher Tumore beteiligt? Und warum tun sie das nur bei manchen Menschen? Eine Studie sucht Antworten. ‚Die Viren spielen zwar bei der Entstehung mancher Krebsarten eine mehr oder weniger wichtige Rolle, doch die Virusinfektion ist nie der alleinige Auslöser für eine Krebserkrankung‘, so der Krebsinformationsdienst."[1]

---

[1] Willems, Walter und Taylan Gökalp: „Viren als Krebsauslöser" in: *Stadt-Anzeiger*, 2020 Nr. 40, Seite 8

Es fehlt die Ursache, wie in den meisten Fällen. Hier kann ich mir einen Menschen auf einer Reizzone (als Schlafplatz) vorstellen, der von einem Virus (einem Strahlensucher) befallen ist.

Die Viren können sich nicht selbst fortpflanzen, dazu benötigen sie sogenannte Wirtszellen. Da die Viren hier ein Wohlfühlklima zum Wachsen gefunden haben, setzten sie sich gegen das Immunsystem durch. Die lange Verweilzeit auf Reizzonen von mehreren Jahren bis zum Ausbruch der Krankheit lässt die tatsächliche „Ursache" in den Hintergrund treten. Hier könnte man durch Forschungen auf einer Reizzone mit schnell wachsenden Mäusen sicher Erkenntnisse erlangen.

Zum obigen Thema passt eine Überschrift im *Stadt-Anzeiger* vom 11.03.2020: „Corona macht die Welt verrückt".

Tatsächlich ist mit dem Corona-Virus alles in Aufregung geraten. Hier muss ich noch einmal auf den Satz: „Eine Studie sucht Antworten [...], doch die Virusinfektion ist nie der alleinige Auslöser für eine Krebserkrankung", zurückkommen.

Man stelle sich eine volle Apfelsteige vor, in der ein angefaulter Apfel liegt. Lässt man ihn darin liegen, steckt er alle umliegenden Äpfel an, und bei Entnahme des infizierten angefaulten Apfels bleibt der Rest der Steige meistens gesund. Jetzt stellen wir uns einen großen Schweinestall, laut Statistischem Bundesamt mit 1.000 bis 5.000 Artgenossen, vor. Einem Mastschwein von 50 bis 110 Kilogramm stehen mindestens 0,75 Quadratmeter Fläche zu. Die Tiere liegen dichter als die Äpfel in der Steige. Dazu kommt, dass die Ställe mit Stahlrohren in kleine Boxen unterteilt werden, damit sich die Tiere nicht so viel bewegen und in ca. sechs Monaten schlachtreif sind. Die Schweine sind sensible Tiere und Strahlenflüchter. Angenommen, es liegen ein, zwei oder drei Schweine in dem riesigen Stall auf einer Reizzone. Ein paar Viren, die die Schweine vor dem Einzug in den Maststall schon hatten, wurden vom Immunsystem in Schach gehalten. Aber jetzt auf der Reizzone wird das Immunsystem geschwächt, die Viren fühlen sich sauwohl und werden mithilfe der Wirtszellen, der Bakterien, schwunghaft vermehrt.

An dieser Stelle ist der Zustand wie im Beispiel des faulen Apfels in der Steige beim Schwein erreicht. Leider sieht man dies dem Schwein nicht an und kann es somit nicht kurzfristig aus dem Stall entfernen wie den angefaulten Apfel aus der Steige. Durch die dichte Belegung im Stall wird das Virus verstärkt rundum an alle Schweine weitergegeben.

Durch das Corona-Virus haben wir die Wichtigkeit der Nachverfolgung bis zum ersten Auftreten des Virus gelernt, um ihn zu eliminieren. Der Apfel ist zufällig mit einem Virus in den Behälter gekommen und dieses hat sich ausgebreitet. Wie sieht das auf dem Bauernhof aus, wo der Mastbetreiber seine Stallungen vor ungebetenen Personen, Viren und Bakterien bestens schützt?

Hier denkt man natürlich auch an eine Reizzone, wo der Holunder hervorragend wächst, ein Hibiskus eingeht und eine Kuh krank wird. Das sind Tatsachen, die keiner wegdiskutieren kann und die optisch sichtbar sind.

Schweine sind Strahlenflüchter und können sich bei der dichten Belegung ihren Platz nicht aussuchen. Das ist für die Viren, die zur Vermehrung sicher eine bestimmte Sorte Bakterien als Wirtszelle bevorzugen, eine Oase zur Ausbreitung.

Diese Virenvermehrung bleibt aber bei dem Schwein, dass ca. 15 Jahre alt werden kann, im Anfangsstadium, da es schon nach sechs Monaten geschlachtet wird.

Hier sind die Schweine im gleichen Notstand wie die Menschen mit dem Corona-Virus im Stadion, in großen Hotels oder auf dem Kreuzfahrtschiff, allerdings mit dem Unterschied, dass es für das Corona-Virus noch kein Gegenmittel gibt.

Nimmt man nun einen Stall mit 1.000 Tieren, unter denen man z. B. drei erkrankte Schweine nicht erkennt, werden 1.000 Schweine mit Antibiotika regelrecht gemästet. Das damit verbundene Übel: Antibiotika kosten Geld und führen zum Risiko resistenter Bakterien. Man braucht sich nur umzusehen, wie dieser winzige Virus die Welt in Angst und Schrecken versetzt!

Hier muss es heißen: Ursache erkannt, Reizzone gebannt. So haben Antibiotika in geringen Mengen Bestand.

***

Die Alarmglocken läuten immer lauter.

Die Natur hat ihre eigenen Gesetze und allen Lebewesen ein Gen (Erbinformation) mitgegeben, um zu erkennen, ob sie Strahlenflüchter, Strahlensucher oder neutral sind. Ich gehe davon aus, dass dies für die meisten Menschen ein nicht ungefährliches Nichtwissen ist. Der einzelne Mensch (Strahlenflüchter) ist nur für sich selbst und sein Wohlbefinden verantwortlich. Das ändert sich gravierend bei der Anlage von Mastbetrieben, in denen auf engstem Raum riesige Stückzahlen von Schweinen, Hühnern und sonstigem Geflügel, alles Strahlenflüchter, gehalten werden. Hier könnte man vermuten, dass die Nichtbeachtung der Reizzonen mit Mengen an Antibiotika ausgeglichen wird, um Epidemien zu vermeiden. Das führt zu immer mehr multiresistenten Keimen und immer weniger wirksamen Antibiotika. Das ist der heutige Stand.

Nach den vielen Beispielen, die ich in den letzten Jahren gesehen habe, bleibt für mich der „beste" Kandidat für die Ursache des Krebses immer noch das regelmäßige Verweilen auf einer Reizzone, wo die Zellen des Körpers geschwächt werden. Der Mensch ist ein von der Natur vorgesehener Strahlenflüchter, was leider kaum noch jemand weiß.

Hier denke ich auch an eine Anekdote zurück, die unsere zweitgeborene Tochter, Adriana, betrifft. Sie wurde 1967 geboren und schlief 1969, im Alter von zwei Jahren, in ihrem Gitterbettchen, welches bei Luise, meiner Frau, und mir im Schlafzimmer stand. Uns fiel damals auf, dass Adriana sehr häufig quer am Fußende in ihrem Bett lag. Als sie etwas größer war, kletterte sie nachts sogar aus dem Kinderbett und suchte bei uns im Bett Unterschlupf.

Da ihre Mutter in ihrer Erziehung sehr konsequent war, brachte sie Adriana immer wieder in ihr Bettchen zurück. Eines Morgens fanden wir Adriana jedoch am Fußende unter ihrem Bett. Da die Kletterei über das Gitter nachts immer häufiger vorkam, gab ich ihr den Spitznamen: Ackermännchen.

Zur damaligen Zeit war ich über Reizstreifen allerdings noch nicht auf dem Laufenden. Mit meiner heutigen Kenntnis hätte ich das Bettchen natürlich sofort umgestellt.

Man kann einfach nicht besser zur Kenntnis nehmen, dass Menschen geborene Strahlenflüchter sind. Adrianas Verhalten als Baby ist das beste Beispiel für mich. Neugeborenen wird das Phänomen des Fühlens in die Wiege gelegt. Ohne Förderung geht diese natürliche Gabe jedoch leider verloren.

Die bekannteste Rutengängerin in Österreich, Käthe Bachler, beschreibt in ihrem Buch *Erfahrung einer Rutengängerin* auf Seite 26 die gleichen Erfahrungen, die wir auch mit unserem „Ackermännchen" gemacht haben. Frau Bachler schreibt:

„Solche Beobachtungen, wie Säuglinge und Kleinkinder im Schlaf wegrollen oder sich wegwälzen und dabei aus dem Bettchen fallen, habe ich immer und immer wieder gemacht."

8. Urlaubserfahrung mit Reizstreifen

Im Dezember 2015 fuhren wir, wie schon seit einunddreißig Jahren, am 24. Dezember nach Österreich. Nach sechs Stunden Fahrzeit trafen wir in der Familienpension ein. Nach der Feier und einem Vier-Gänge-Menü im Restaurant fuhren wir um 22 Uhr 30 zum Abschluss des Tages noch in die Christmette und legten uns nach unserer Rückkehr um 0.15 Uhr erschöpft zum Schlafen.

Gegen zwei Uhr wurde ich jedoch schon wieder mit sehr starken Kopfschmerzen wach, sodass ich eine Schmerztablette nahm. Das war seltsam, da normalerweise die erste Nacht nach der Fahrt immer die beste war.

In der zweiten Nacht träumte ich dann viel, schlief unruhig und stand morgens wie gerädert auf. Zuerst dachte ich, es läge an dem anhaltenden Azorenhoch, das zu dieser Zeit eine entscheidende Rolle für das Wetter in Mitteleuropa spielte. Die Tagestemperatur lag bei 12 bis 13 Grad Celsius und erstmalig seit 30 Jahren hatte es in unserem Skiort keinen Neuschnee gegeben.

Nach einem Vormittag, den ich in der Sonne auf dem Balkon verbrachte, legte ich mich später in voller Kleidung aufs Bett und fröstelte dort ganz eigenartig am Oberkörper. Dieses Phänomen kannte ich bisher eigentlich nur aus der Literatur. Ich hatte gelesen, dass dieses Phänomen teilweise über einer Wasserader bzw. einem Reizstreifen aufzutreten scheint.

Daraufhin tauschte ich die nächste Nacht das Bett mit meiner Enkelin Jenny, die mit uns im gleichen Zimmer schlief. So kam ich jedoch vom Regen in die Traufe. In dieser Nacht drehte ich mich von der einen auf die andere Seite und fand überhaupt keine Ruhe. Der ganze Oberkörper fühlte sich an wie ein

Vibrator oder Schwingschleifer. Dieses Vibrieren konnte ich mit der Handfläche über dem Schlafanzug fühlen.

Der Unterschied zur vorherigen Nacht war, dass ich von einer Schaummatratze in „meinem" Bett auf eine Stahlfederkernma-tratze in „Jennys Bett" gewechselt hatte. Somit war die dritte Nacht mit Abstand die schlechteste und auch unangenehmste Nacht gewesen. Daraufhin fiel mir ein, dass die Radiästheten eine Federkernmatratze wegen schwingungsverstärkender Wirkung ablehnen.

Da Luise und ich nun schon seit zehn Jahren das identische Hotelzimmer mit gleicher Ausstattung bewohnten, machte mich jetzt doch einiges stutzig. Ich erinnerte mich, dass ich in den Vorjahren häufiger als gewohnt Kopfschmerzen bekommen hatte, was ich bis dahin mit dem Bier oder Glas Wein am Abend im Urlaub begründet hatte. Doch dieses neue Erlebnis veranlasste mich, das Zimmer auf einen Reizstreifen hin zu untersuchen.

Nach 31 Jahren Winterurlaub in Österreich hatte ich das erste Mal meine Ruten dabei. Aufgrund des wenigen Schnees und meinem Wunsch, damit in den Bergen meine Kenntnisse zu erweitern, hatte ich sie eingepackt. Dieses Jahr waren alle Möglichkeiten vorhanden, außen um das Hotel herumzugehen und die Gegebenheiten zu prüfen. Normalerweise lag hier im Dezember meterhoch der Schnee.

Am 27. ging ich vormittags um das Hotel und fand gleich drei parallel laufende Reizstreifen, die ich markierte. Erst danach ging ich ins Zimmer, um die Reizstreifen von außen zu verlängern. Einer der Streifen lief quer durch alle drei Betten unseres Zimmers. Von dieser Feststellung fertigte ich sofort eine kleine Skizze an.

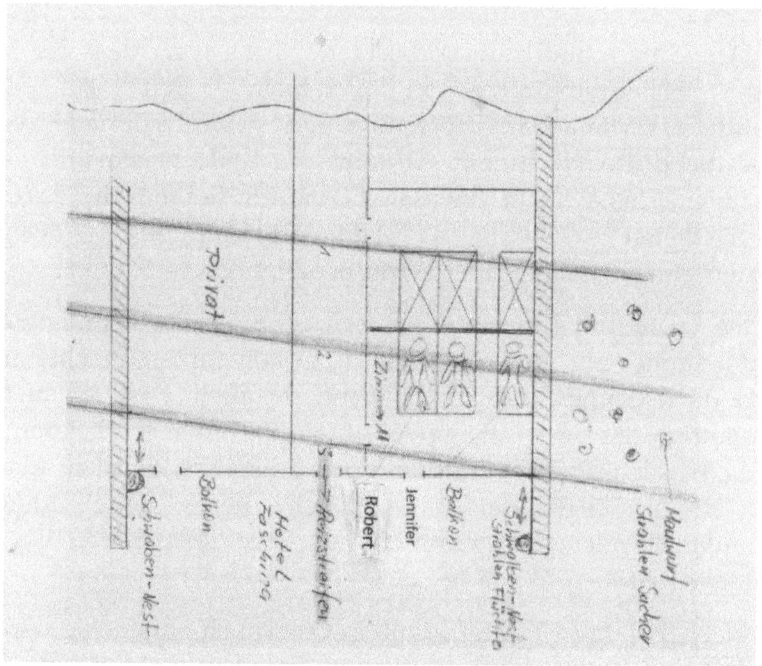

In der folgenden Nacht legte ich mich dann
seitenverkehrt in mein Bett, um meinen Oberkörper von der
Bestrahlung frei zu halten. Mit dieser Schlafsituation wurde
dann jede Nacht etwas besser.

Hinter dem Hotel entdeckte ich zwischen den Reizstreifen in
den nächsten Tagen eine Hügellandschaft von Maulwurfhaufen.
Da Maulwürfe Strahlensucher sind und sie ihre Behausung
daher so angelegt hatten, konnte man im weiteren Umfeld keine
weiteren erblicken.

Auf dem überdachten Balkon befanden sich zwei
Schwalbennester und man konnte sofort erkennen, dass
Schwalben Strahlenflüchter sind. Ein Nest war ganz an der

Außenkannte, ca. zwei Meter vom Reizstreifen entfernt, und das andere Nest befand sich ganz innen, aber auch etwa zwei Meter neben dem Reizstreifen. Ich würde sehr gern wissen, wie die Schwalben die Reizstreifen wahrnehmen.

Dieser Winterurlaub unterschied sich auf jeden Fall für mich von den vorherigen. Ich faulenzte nicht nur, sondern machte auch viele interessante Entdeckungen.

Zwei Jahre später, als die Hotelchefin, die auf derselben Etage ihre private Wohnung hat, an Krebs erkrankt war, zeigte ich ihrer Mutter bei einem Gespräch meine Skizze. Diese bestätigte, dass die eingezeichneten Reizzonen durch den Schlafplatz ihrer Tochter verliefen.

9. Testlauf über dem Wasserschlauch

Dank meines Leitmotivs, die Reizzonen anders als mit der Wünschelrute messen zu wollen, interessiere ich mich neben meinen eigenen Messungen und bestimmter Lektüre natürlich für jedes Thema, das einen Zusammenhang darstellen kann.

So entdeckte ich einen Artikel, der von der Gesellschaft zur Wissenschaftlichen Untersuchung von Parawissenschaften (GWUP) veröffentlichte wurde, in dem Folgendes zu lesen war:

„Mit einer handfesten Überraschung endeten die Psi-Tests, der GWUP in Würzburg am 28. Juli 2015. Der Kandidat Textor, Rutengänger und Brunnenbauer, erreichte im Versuch 36 von 50 möglichen Treffern beim Überlaufen eines Wasserschlauchs und damit 72 % Treffer. Herr Textor sollte mit seiner Winkelrute feststellen, ob in dem Schlauch Wasser fließt oder nicht.“

Ich kannte diesen Herr Textor, da dieser Brunnenbauer im Jahre 1999 an unserem Haus die Bohrungen für die Installierung der Wärmepumpe durchgeführt hatte.

Weiter war in dem Artikel der GWUP zu lesen: *„Besitzt Textor als erster der 57 bisher getesteten Kandidaten eine paranormale Fähigkeit?“*

Herr Textor, der täglich als Brunnenbauer sein Geld mit der Winkelrute verdient, hat meine vollste Anerkennung dafür, den Mut zu haben, sich bei der GWUP testen zu lassen. Ich hoffe jedoch, dass er eine zweite Einladung zum Test nicht annehmen wird, und ich werde Ihnen erläutern, warum.

In einem Video habe ich gesehen, dass Herr Textor bei sich zu Hause als Vorbereitung auf den Test bei der GWUP einen langen Wasserschlauch aus der Garage am Haus vorbei bergabwärts gelegt hat, damit der Schlauch leerlaufen konnte. Seine Frau, die sich in der Garage aufhielt, sollte das Wasser auf- oder zudrehen. Sie benutzte einen Würfelbecher und wenn sie die Zahl zwei, vier oder sechs würfelte, drehte sie das Wasser auf, und wenn sie die Zahl eins, drei oder fünf würfelte, drehte sie das Wasser zu. Herr Textor musste jedes Mal von Neuem über diesen Schlauch gehen und sagen, ob dort momentan Wasser lief oder nicht. So erzielte er beim Test eine Trefferquote von 72 % bei 50 Vorgängen.

Dieser Film von Herrn Textor spornte mich dazu an, zu Hause den gleichen Test mit Luise und Jenny, meiner Enkelin, durchzuführen. Den Ablauf des Wasserschlauchversuchs installierten wir genau so, wie es bei der GWUP für Herrn Textor gemacht worden war. Meine Frau saß mit dem Würfelbecher an der anderen Seite des Hauses neben dem Wasserhahn und Jenny notierte die Ergebnisse. Dass der Ein- und Auslauf des Schlauchs von mir nicht gesehen oder gehört werden durfte, war selbstverständlich. Der Schlauch lag bergab und musste nach jedem Vorgang leerlaufen. Dann wurde gewürfelt und bei den Zahlen zwei, vier und sechs wurde der Hahn von Luise aufgedreht und bei den Zahlen eins, drei und fünf zugelassen. Die Buchführung bei Jennys Ergebnissen ergab, dass ich bei 20 Durchgängen 15-mal richtiglag. Das bedeutet eine Trefferquote von 75 %. Meine Erfolgsquote war also noch höher als die 72 % von Herrn Textor.

Dieses gute Ergebnis wollte ich vier Wochen später toppen, und zwar mit den kompletten 50 Durchgängen. Das erneute Experiment nahm einen ganzen Nachmittag in Anspruch und ich war sehr gespannt auf das Ergebnis.

Meine Durchgänge waren allerdings nicht mehr so unbedarft wie beim ersten Mal. In Gedanken war bei mir immer der Ehrgeiz vorhanden, besser zu werden, wenn dies auch unbewusst geschah.

Als Jenny die von ihr aufgeschriebenen Zahlen mit meinen Aussagen verglich, betrug die Trefferquote dann mit 29-mal richtig und 21-mal falsch, nur noch 58 %, was für mich selbstverständlich ernüchternd war. Das ist aber leider ein normaler Vorgang, den ich so akzeptiere. Der erste Durchgang mit dem Gedanken: „Mal sehen was passiert", ist immer der Beste. Da bereits kleinste Einflüsse das Ergebnis verfälschen können, eignet sich dieses Phänomen meiner Meinung nach absolut nicht für Vorführungen.

Geht man also mit diesem Wissen beim Testen leichtfertig mit Beeinflussungen um, dann können keine genauen Messungen erwartet werden.

Wasser sehe ich als ein ganz besonderes Element, zumal das Leben im Wasser entstanden ist.

Das Wasser (H_2O) kann sich auf nahezu unendlich viele Arten wie Magnete zu Clustern zusammenschließen. H_2O ist das häufigste Molekül auf dieser Erde und das rätselhafteste, für das es keinen Ersatz gibt.

Bei dem Wassertest mit der Wünschelrute, den ich mit Luise, Jenny und dem Gartenschlauch durchgeführt habe, sind mit dem fließenden Wasser Trilliarden H_2O-Moleküle durch den zu messenden Abschnitt des Wasserschlauchs geflossen.

Dort waren feinste Schwingungen vorhanden, da alles im Universum schwingt. Der Mensch als sensibelstes Messgerät kann diese Schwingungen mehr oder weniger feststellen. Genau das ist geschehen, als ich so wie Herr Textor über dem Wasserschlauch gemessen habe.

Vor allem war das ganze Experiment ohne jegliche Übung abgelaufen. Klavier spielen kann man auf Anhieb auch nicht besser!

10. Warum Wünschelrutengehen nicht für Vorführungen geeignet ist

An einem Beispiel möchte ich nun zeigen, dass das Aufspüren der Reizzonen ein sehr sensibler Vorgang ist. Hier denke ich an einen Fall, der sich im Sommer auf einem Bauernhof zugetragen hat. Der Landwirt rief mich an, um mich zu fragen, ob ich auch zu Stellplätzen von Rindviechern etwas sagen könnte. Er berichtete mir, dass jedes Jahr im Winter bei ihm im Stall eine Kuh krank wäre. Natürlich macht es für mich keinen Unterschied, welchen Platz ich untersuche, ob dieser nun für einen Menschen oder eine Kuh genutzt wird. Ich sagte ihm also zu und bei ihm vor Ort ging ich mit der Wünschelrute durch den Kuhstall, um den Platz der ständig kranken Kuh ausfindig zu machen. Da die Kühe im Sommer auf der Weide verweilten, gab es das Problem in dieser Jahreszeit nicht.

Bei der Vermessung von Wohnhäusern gehe ich allerdings immer so vor, dass ich zuerst, wenn möglich, komplett außen um das Haus herum marschiere. Dies ist bei Kühen, die immer in einer Reihe stehen, nicht nötig.

Aus diesem Grund ging ich bei meiner Kuhstallmessung, direkt der Länge nach durch die Stallung hindurch. Ich weiß aus meiner langjährigen Erfahrung als Rutengänger, dass es beim Rutengehen ganz wichtig ist, dass kein Anwesender irgendwelche Hinweise gibt. Fällt nämlich ein Satz, der auf die vermutete Stelle hindeutet, kann man das Vorhaben sofort abbrechen. Die Beeinflussung ist in diesem Falle sehr nachteilig.

Nach dem Abschreiten von sechs Stellplätzen, ohne jeden Ausschlag der Ruten, schlugen meine Drähte beim siebten Platz auseinander. Der Landwirt, der mich von Anfang an beobachtet hatte, zu dem ich jedoch absichtlich keinen Blickkontakt suchte, bestätigte nun unaufgefordert, dass es der Platz sei, an dem im Winter regelmäßig eine Kuh erkrankte.

Wenn ich auf mich konzentriert mit der Rute durch den Kuhstall gehen und der Bauer plötzlich sagen würde: „Hier müsste die Stelle sein", würde mein Gehirn die Aussage nutzen und die Rute drehen lassen.

Genau das ist auch für mich die Erklärung, warum noch kein Rutengänger die 1.000.000 Dollar abgeholt hat, die ein Amerikaner schon seit Langem demjenigen anbietet, der ihm den Rutenausschlag unter Beweis stellt. Die äußeren Einflüsse auf den Vorführenden sind viel zu groß, sodass ein verlässlicher Rutenausschlag nicht erfolgen kann. Darüber können Sie noch ein wenig mehr in Kapitel 17 lesen.

11. Wie der Wünschelrutengänger Signale empfangen kann

Als ich wieder einmal über der Frage brütete, welches Signal der Rutengänger wohl vom Reizstreifen bekommt, fiel mir ein wissenschaftlicher Bericht von Herbert L. König ein. Dieser war ein Schüler von Prof. Winfried Otto Schumann, der die Schumann-Frequenz von 7,83 Hertz entdeckt hat.

Die Schumann-Frequenz ist eine seit Urzeiten vorhandene geomagnetische Schwingung auf unserem Planeten, die 1954 erstmals messtechnisch nachgewiesen wurde (Schumann & König 1954). Die dabei ermittelte Frequenz betrug tatsächlich wie vorhergesagt exakt 7,83 Hertz und wird seitdem auch als sogenannte Leitfrequenz oder „Herzschlag" der Erde bezeichnet. Heute nimmt man an, dass in der Evolution aller Lebewesen eine langsame Anpassung an die vorherrschenden geomagnetischen Wellen erfolgte. Auf diese Weise soll eine enge Symbiose zwischen dem geomagnetischen Feld und dem Verhalten und Wohlbefinden der Lebewesen auf der Erde entstanden sein (Funk, Monsees & Özkuzur 2009).

Wie schon zuvor erwähnt, erzeugt jede Energieentladung durch Blitze zwischen Erde und Ionosphäre gleichsam als Nebenprodukt Radiowellen (Frequenzen). Diese liefern die Energie zur Aufrechterhaltung dieser um die Erde laufenden Resonanzschwingung (Prof. Dr. W. O. Schumann 1888–1972).

Den Forschern ist klar geworden, dass elektromagnetische Felder Grundlage allen Lebens sind. Neurobiologische Untersuchungen haben ergeben, dass die Grundfrequenz des Hippocampus, eines wichtigen und ältesten Hirnareals des Menschen und fast aller Tiere, im Bereich der Schumann-Frequenz liegt (O'Keefe & Nadal 1978).

Die gemessenen 7,83 Hertz wurden dabei unabhängig voneinander von der NASA (National Aeronautics and Space Administration, die US-Bundesbehörde für Raumfahrt und Flugwissenschaft), von Prof. R. Wever und von dem Biophysiker Dr. W. Ludwig als „biologische Norm" definiert, ohne welche der Mensch und viele Tiere nicht auskommen können. (O'Keefe hat dafür 2014 den Nobelpreis bekommen.)

Durch wissenschaftliche Studien am California Institute of Technology, USA, wurde nachgewiesen, dass das Erdmagnetfeld direkt auf das Gehirn Einfluss nimmt. Im menschlichen und tierischen Gehirn wurden Magnetit-Kristalle (Fe 304) nachgewiesen, die wie magnetische Antennen funktionieren und über die das Erdmagnetfeld vom Gehirn wahrgenommen wird.

Bisher nahm die Wissenschaft an, dass der Mensch lediglich über fünf Sinne verfügt. Eine neue Studie, durchgeführt von Joe Kirschvink vom California Institute of Technology, machte nun eine bahnbrechende Entdeckung: Sie lässt annehmen, dass Menschen in der Lage sind, die Magnetfelder der Erde zu spüren (history.de).

Beim Rutengehen sehe ich dies nun folgendermaßen: Der Mensch ist Strahlenflüchter und hat somit eine Ortszelle dafür im Hippocampus. Gehe ich nun mental über eine Reizzone, so kommt die Meldung: „Du bist da." Die Ortszelle feuert Signale.

Für mich als Ruteneffektforscher ist die wissenschaftliche Aussage, dass der Mensch mit dem Erdmagnetfeld verbunden ist, schon sehr wichtig, besonders weil das auch mein eigenes Gefühl war, bevor ich den wissenschaftlichen Bericht gelesenen hatte.

Was diesen Bereich anbetrifft, habe ich am 6. April 2018 beim SWR-Talk *Nacht Café*, einen spannenden Vortrag gesehen. Dort wurde ein junger Mann, zwischen 20 und 30 Jahren, bei einer

Wanderung auf 2.700 Metern Höhe von einem Blitz getroffen. Seine etwas hinter ihm zurückgebliebene Freundin hörte plötzlich einen riesigen Krach und sah ihren Freund nicht mehr, aber an seiner Stelle eine Rauchwolke, als ob er explodiert wäre. Sie fand ihn dann bewusstlos vor und verständigte die Rettung. Eine für den Ort zuständige Wetterstation registrierte den Blitz mit
40 Millionen Volt. Der junge Mann überlebte den Blitzschlag mit total zerfetztem T-Shirt, Hose und linkem Schuh.

Jetzt folgten für mich die in dem Fernsehbericht interessantesten Bilder von dem jungen Mann. An seinem Hinterkopf waren ganz deutlich die Einschlagspuren des Blitzes zu sehen. Am Rückgrat lief ein dicker roter Streifen hinunter, weiter durch sein linkes Bein bis zur Ferse, bevor er außen hoch mitten auf den Spann kam und dann gerade in Richtung der Zehen lief. Hier teilte sich der stark rote Verlauf, mit einem dickeren Streifen zum großen und einem dünneren zum kleinen Zeh.

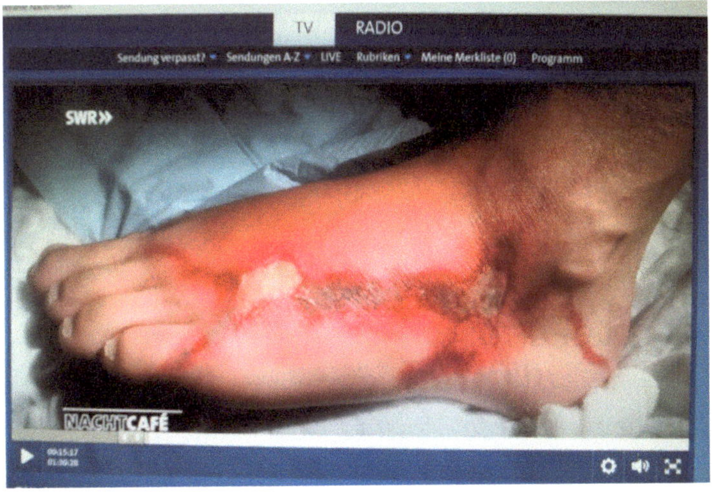

Fuß nach Blitzeinschlag (SWR)

Dieser durchgehende Streifen stellt genau den Nervenverlauf vom Hippocampus bis zum Rückenmark und weiter durch den Ischiasnerv bis zum großen Zeh dar. Ganz klar ist, dass der Blitz sich am Kopf geteilt hatte. Die 40 Millionen Volt flossen außen am Körper ab, mit den oben beschriebenen Spuren.

Die den Blitz begleitenden Radiowellen haben am Hinterkopf eine biologische Empfangsantenne von 7,83 Hertz gefunden und sind so über den sichtbaren Streifen zur Erdung über den Fuß abgeflossen. Durch die totale Überbelastung des Nervenstrangs ist dieser äußerlich sichtbar geworden. Dies würde ich als Beweis auffassen, dass die 7,83 Hertz des Hippocampus mit der Schumann-Erdfrequenz von 7,83 Hertz in Verbindung stehen. Der Blitzgeschädigte hatte sogar nach sieben Monaten noch höllische Schmerzen am Ischiasnerv, weil die Ummantelung des Nervs starken Schaden genommen hatte.

Bevor ich diesen Beitrag gesehen hatte, wusste ich schon, dass sich in den Reflexzonen der Füße alle Körperteile und Organe spiegeln. Deshalb ist es so gut, morgens mit nackten Füßen über die taunasse Wiese im Garten zu gehen. Das ist die beste Erdung und Massage für die Füße und somit für den ganzen Körper.

In meinen Unterlagen ist der Aufbau einer Nervenzelle dokumentiert (ratgeber-nerven.de). Am meisten interessiert mich hier die Verbindung vom Gehirn (Hippocampus) bis zum Fuß und großen Zeh, besonders nachdem ich die Bilder des jungen Blitzopfers gesehen habe. Ohne die Nervenzellenneuronen wäre der Mensch zu Bewegungen, Sinneseindrücken und Gedanken nicht in der Lage.

Der Ischiasnerv ist der längste und zugleich auch der dickste Nerv des menschlichen Körpers. Vom Rückenmark zieht er dann über das Gesäß und die Oberschenkel durch das gesamte Bein hindurch bis zum Fuß und läuft am großen Zeh aus. Der Ischiasnerv dient dazu, Reize an das Rückenmark zu übermitteln und von dort aus weiter zum Gehirn zu leiten. Genauso ist es seine Aufgabe, umgekehrt Befehle aus dem Gehirn über das Rückenmark weiter ans Bein und bis zum Fuß zu übermitteln.

Ich stelle mir die Sache so vor: Die Dendriten einer Nervenzelle, die wie eine Baumkrone aussehen und kleinste Antennen sind, nehmen für mich, den Strahlenflüchter und Rutengänger, bestimmte Signale, über den großen Zeh auf. Diese werden dann über den Ischiasnerv zum Hippocampus im Gehirn geleitet.

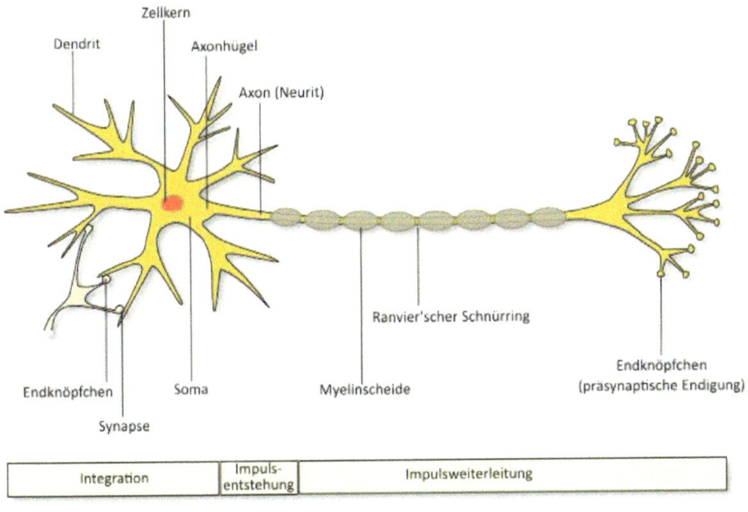

Schema einer Nervenzelle (jagemann-net.de)

Wie wir alle wissen, braucht man eine Antenne, um im Auto Radio zu hören. Wollen wir Fernsehen schauen, brauchen wir diese auch. Mit dieser Antenne empfangen wir aus dem heutigen Elektrosmog den Sender, den wir hören oder sehen wollen. Die Antenne ist auf die Wellenlänge genau abgestimmt, um das Signal einzufangen.

Bei einer Frequenz von f=7,83 Hz und einer Lichtgeschwindigkeit von c=300.000 km/s ist die Schumann-

Wellenlänge ganze 38.314 Kilometer lang, was etwa dem Erdumfang entspricht und Herzschlag der Erde genannt wird. Mit welchem Trick unser Gehirn diese ungeheuer lange Welle auffängt oder einrollt, um sie empfangen zu können, scheint noch nicht ganz geklärt zu sein.

Jetzt beharren aber viele Wissenschaftler darauf, dass es für sie keine Reizzonen, Störzonen, Wasseradern oder das Globalgitternetz gibt, in dem die Blitze bevorzugt ihren Potenzialausgleich zwischen Erde und Ionosphäre vollziehen.

Ich bin jedoch ganz sicher, dass die Reizzonen bevorzugt für die gleichmäßige Verteilung der Blitze, wie bei unserem Stromnetz, genutzt werden. Schon den Gedanken, dass eine Wasserader der bessere Leiter für die Blitze ist, kann man nicht von der Hand weisen. Wir Menschen müssen jedoch diese Reizzonen meiden, da wir von Geburt an Strahlenflüchter sind.

Ich sehe es im groben Umriss so, dass das Signal beim Wünschelrutengehen vom Erdmagnetfeld einer Reizzone zum Hippocampus weitergeleitet wird, dort auf eine Ortszelle (Neuron) trifft, die durch Feuern (Resonanz) dem Rutengänger das Ziel anzeigt (O'Keefe hat 1971 die Ortszellen im Hippocampus entdeckt).

12. Wie gelangt das Signal vom Hippocampus in die Hände?

Das Signal aus dem Boden und die Meldung an die Handflächen sind für mich zwei verschiedene Signale.

Wir haben festgestellt, dass im Hippocampus ein Neuron (Ortszelle) bei Resonanz feuert. Dies heißt, das Signal (Herzschlag) von unserem Planeten oder der Reizzone ist angekommen und der Hippocampus hat das mit seiner Ortszelle durch „Feuern" bestätigt.

Dazu möchte ich jetzt noch eine kurze Erklärung zum Neuron liefern. Das Neuron ist eine Zelle des Körpers, die auf Signalübertragung spezialisiert ist. Sie wird durch den Empfang und die Weiterleitung elektrischer oder chemischer Signale charakterisiert. Wenn Informationen durch elektrische Impulse von Zelle zu Zelle weitergegeben werden, sagt man also, dass die Nervenzelle feuert.

Wir wissen ja, dass es keine Materie auf dieser Erde gibt, die nicht schwingt, auch wenn dies normal nicht sichtbar ist. Beim Menschen und anderen Gegenständen kann das mit der Kirlian-Fotografie (auch Elektrografie genannt) sichtbar gemacht werden.

Um diese Schwingungen, den sogenannten Schwingkreis, weniger Physikinteressierten näher begreiflich zu machen, will ich den Verlauf anhand eines mechanischen und eines elektrischen Schwingkreises erklären.

Für den mechanischen Schwingkreis denke ich sofort an die Stimmgabel. Übertragungen von Schallwellen sind am leichtesten mit Stimmgabeln zu verstehen. Hat man zwei Stimmgabeln mit gleicher, abgestimmter Frequenz und eine davon schlägt an, so geht die zweite automatisch in Resonanz.

Das bedeutet, dass sie zusammen schwingen und somit kommunizieren können.

Bei unterschiedlicher Frequenz ist das jedoch nicht der Fall. Hat eine Stimmgabel zum Beispiel 1.400 Hertz und die zweite 1.500 Hertz, dann gibt die 1.500-Hertz-Gabel beim Anschlagen der 1.400-Hertz-Gabel keinen Ton von sich.

Wenn die Empfängerstimmgabel, die gleiche Frequenz (Schwingungszahl) hat, gehen sie in Resonanz und können so eine Nachricht, den Ton, übermitteln. Dies ist dann eine Schallwelle, die wir mit den Ohren identifizieren.

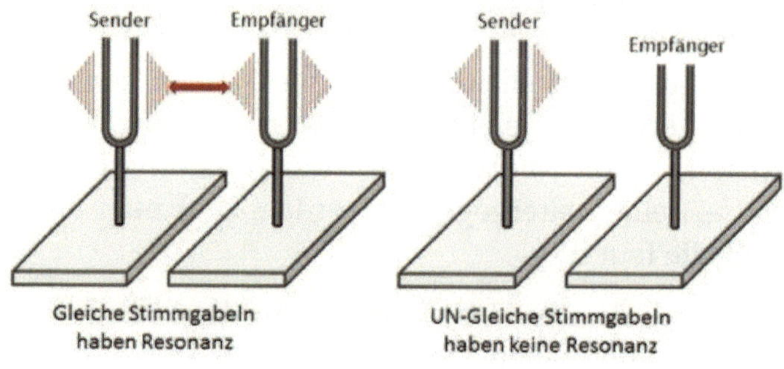

Resonanz von Stimmgabeln (dieter-broers.de)

Die elektromagnetischen Lichtwellen hingegen sehen wir mit unseren Augen. Sichtbares Licht schwingt von 430 bis 750 Terahertz (1 Terahertz = 1 Billion Hertz).

Hierzu ein Beispiel der riesigen Unterschiede der Frequenzen: Die mittlere Lichtfrequenz beträgt 590 Terahertz. Die Lichtgeschwindigkeit (300.000 Kilometer/Sekunde) geteilt durch 590 Terhertz ist 508 Nanometer gleich **0,000508 Millimeter** Wellenlänge.

Zum Vergleich: Die Schumann-Frequenz ist 7,83 Hertz. Die Lichtgeschwindigkeit (300.000 Kilometer/Sekunde) geteilt durch 7,83 Hertz gleich **38.314 Kilometer** Wellenlänge. Jede Welle reicht einmal um die Erde.

Unsere Augen empfangen die elektromagnetischen Wellen der Sonne und lassen uns damit sehen.

Nach diesen Beispielen von Schwingkreisen kommen wir zum biologischen Schwingkreis, nämlich der Nervenzelle. Ich will ja immerhin darlegen, wie durch solch einen biologischen Schwingkreis die Signale, die beim Wünschelrutengehen vermutlich von der Fußreflexzone ankommen, im Hippocampus überprüft werden und wie danach ein Signal an die zuständigen sensiblen Handflächen weitergeleitet wird. Dafür komme ich nun zum kleinsten Baustein des Menschen.

Die Zelle ist der kleinste lebensfähige Baustein sämtlicher Lebewesen. Die Form der Zelle hängt von den Aufgaben ab, die ihr zugeteilt werden, und sie ist veränderlich. Eine Zelle hat außen eine Begrenzung, nämlich die Zellmembran. Das ist die Blechhülle in meinem Auto-Beispiel, welches ich schon erklärt habe.

Innerhalb der Zellmembran liegt der Zellkern mit dem Erbgut bzw. den Chromosomen. Außerdem sind hier die kleinsten Kraftwerke der Welt, die Mitochondrien, ansässig.

Die Zellfortsätze sind baumartig verzweigte Ausstülpungen des Zellwassers und werden Dendriten genannt. Die Reizaufnahme im Nervensystem erfolgt über die Dendriten. Wenn Sie jemand am Arm berührt, wird dies von den Dendriten aufgenommen und weitergeleitet zur Zentrale, die dann die Berührung **meldet.**

Wenn es sich um Muskelzellen handelt, befinden sich sehr viele Kraftwerke in den Muskelzellen, weil diese sehr hart arbeiten müssen. Andere Körperzellen mit ihren Mitochondrien sorgen für die menschliche Körpertemperatur und Millionen weitere Aufgaben.

Wenn man den Aufbau der nur ca. 0,005 Millimeter großen Zelle betrachtet, kann man schon von einem Mikrokosmos sprechen.

Wie Sie jetzt wissen, geht es mir bei diesem sehr vereinfachten Erklärungsversuch natürlich darum, das Rutenphänomen aus meiner Sicht begreifbar zu machen.

Verglichen mit dem elektrischen Schwingkreis stelle ich nun den Vergleich mit dem biologischen Schwingkreis des Menschen dar. In diesem biologischen Schwingkreis werden die elektromagnetischen Wellen durch die Dendriten der Neuronen, z. B. im großen Zeh, empfangen und dann auf biologischem, chemischem und elektrischem Weg über den Ischiasnerv und das Rückenmark zum Hippocampus im Gehirn weitergeleitet.

Jede einzelne Zelle, jeder Zellverbund, selbst der gesamte Organismus ist ein komplexer Schwingkreis, in dem alle Zellen miteinander kommunizieren.

Aus der Erde empfängt der Mensch also Strahlung über seine Nervenzellen unter den Fußflächen, genauso wie er von der Sonne die Strahlungen für einen Sonnenbrand empfangen kann.

Alle Zellen des Menschen sind also Dipole mit offenem Schwingkreis. Unsere Zellen kommunizieren daher alle miteinander. Die menschlichen Zellen als Schwingkreis oder Dipol zu beschreiben ist als Laie kaum möglich. Der Mensch hat ca. 100 Billion einzelne Zellen, die zum Schwingen mit Energie versorgt werden müssen. Die menschlichen Zellen bilden durch Nahrungsaufnahme und Einatmen von Sauerstoff die Voraussetzung dazu, dass die Mitochondrien, d. h. die Kraftwerke in der Zelle, zwischen 60 bis 70 Millionen Volt auf chemischem und biologischem Weg herstellen können. Die Zentrale, das Gehirn, hat allein rund 20 Milliarden Nervenzellen.

Das ist vergleichbar mit dem Telefonfestnetz, über das jeder mit jedem über die Zentrale sprechen kann. Allerdings gibt es zum Vergleich ja nur 7,5 Milliarden Menschen.

Bei diesem Erklärungsversuch des Schwingkreises oder Dipols erinnerte ich mich wieder an mein Lieblingsspielzeug von früher, die Magnete. Mit diesem Beispiel kann man sich einen Dipol wohl am besten vorstellen. Drücke ich zwei starke Magnete mit gleichem Pol zusammen, entsteht eine unsichtbare Kraft als Gegendruck. Die Gegenpole ziehen sich allerdings an. Als mir einmal ein starker Magnet aus der Hand rutschte, er sich blitzschnell drehte und mit dem Gegenpol zurückschoss, konnte ich die unsichtbare Kraft an meinem blauen Finger zwischen den zwei Magneten schmerzlich fühlen.

Ich war jedoch immer noch auf der Suche nach einem konkreten Beispiel, um den Ausschlag der Wünschelrute zu erklären.

Ich hatte mir mein Material zurechtgelegt und fing nun an, mit den abgewinkelten Schweißdrähten über einer meiner „eigenen" Wasseradern hin- und herzugehen und dabei nur die Griffstücke in meiner Hand zu beobachten.

Dabei konnte ich feststellen, dass beim rechtwinkligen Überlaufen der Wasserader die parallel nach vorne gehaltenen Drähte sich langsam in einem 180-Grad-Winkel zu meinem Körper ausrichteten und beim ganz langsamen Weitergehen weiter nach hinten gezogen wurden. Hier war eindeutig ich selbst als Mensch der Empfänger.

Bekannt ist, dass ein Erwachsener aus ungefähr 100 Billionen einzelnen Zellen besteht. Diese sind für vielerlei Dinge zuständig, unter anderem für die Hautbildung.

Wieder einmal dachte ich an das Lieblingsspielzeug meiner Kindheit und an dieser Stelle kamen für mich die menschlichen Zellen als Dipole ins Spiel. Ein Dauermagnet hat die Eigenschaft, dass in ihm die winzigen Elementarteilchen fest eingeschlossen von

Nord nach Süd zeigen und außerhalb wieder als unsichtbare Feldlinien zum Nordpol des Magneten zurück verlaufen. Die außen verlaufenden Feldlinien kann man sich wie gespannte Gummifäden vorstellen, die alles außer Eisen durchdringen. Lege ich auf einen Tisch eine Eisenkugel, kann ich diese mit einem Dauermagnet unter dem Tisch wie von Geisterhand laufen lassen.

Diese Elementarteilchen sind allemal winzige Magnete oder Dipole, die ungeordnet fast kraftlos sind. So sind unsere Zellen auch Dipole, die sich, nach meiner Vermutung, über einen Nervenimpuls ausrichten können und damit verstärkte Feldlinien erreichen. Wir kennen ja die Stärke unserer Muskelpakete.

Den Vorgang des Auseinandergehens der Wünschelruten vergleiche ich mit dem Magnet. Halte ich einen Magnet an ein Weicheisen mit nicht ausgerichteten Elementarteilchen, richten sich die Elementarteilchen blitzschnell aus und der Magnet hat einen zweiten Magneten erzeugt. Bei Wegnahme des Magneten wird die Ausrichtung der Elementarteilchen wieder aufgehoben und damit kraftlos.

Dazu passend habe ich schon vor längerer Zeit den folgenden Satz aus einem Lehrbuch (UHPO (CD) Ltd.) abgeschrieben:

„Jede gesunde Zelle von Lebewesen ist Plus-Minus gepolt und produziert eigene Energie. Sie kann über den richtig gepolten Leitungsanschluss innerhalb des Organismus ihre Aufgabenstellung mitgeteilt bekommen. Die Haut ist funktionell das vielseitigste Organ des menschlichen Organismus."

Ich hatte auch gelesen, dass die Hände die meisten Rezeptoren enthalten. Zu diesem Gedanken versuchte ich nun laienhaft, für die Drehbewegung der Rute ein Beispiel zu finden. Wenn ich alle Finger gerade nach vorne strecke, sehen diese aus wie Stabmagnete. Werden die Finger nun rund um die Rute gelegt, bilden sie jedoch mit ihren Zellen einen Kreis.

Da die Rute einen Durchmesser von 0,3 Zentimetern und eine Grifflänge von 10 Zentimetern hat, ergibt dies bei zwei Ruten, eine in jeder Hand, eine Griffläche von ca. 18 Quadratzentimetern. Ein Quadratzentimeter Haut hat ca. 3 Millionen Zellen, was bei 18 Quadratzentimetern 54 Millionen Zellen entspricht. Wenn diese nicht ausgerichteten ca. 54 Millionen Zellen in den Händen das Kommando vom Hippocampus bekommen, weil ich ihn mental dazu aufgefordert habe, mir eine Reizzone anzuzeigen, kommt hier wahrscheinlich der Impuls (Spin) für die Rutendrehung. Werden jetzt beide Hände gleichpolig und geben dies an die einen Meter langen Schweißdrähte weiter, stoßen diese sich gegenseitig ab und gehen auseinander.

Fest steht für mich, dass die Rute ohne jegliches äußeres Zutun in den Händen gedreht wird. Das falsche Halten der Ruten, welches die Schwerkraft der Bewegung einleitet, oder Muskelzucken schließe ich bei mir vollkommen aus. Da mein erster Versuch mit der Wünschelrute mit abgewinkelten Eisendrähten erfolgreich verlief, bin ich diesen treu geblieben. Meine Erklärung am Beispiel der Magnete bezieht sich somit vorrangig auf meine Eisenruten.

Da die Ruten aus Eisen, Holz, Messing oder auch aus Kunststoff usw. bestehen können, kann meine Erklärung nicht auf alle Materialien zutreffen und bleibt somit ein Erklärungsversuch. Anzumerken ist aber, dass sich bei gleicher Polung alle Materialien abstoßen. Mein Fazit: Bei allen Materialien und Handhabungen drehen die Ruten in der Hand.

Jetzt könnte man natürlich verschiedene Theorien entwickeln. Solange wir die „wirkliche" physikalische „Einheit" der Reizzone aber nicht kennen, möchte ich es dabei belassen, dass die Finger die Rute umschließen und dies als elektrobiologische Spule wie ein Zeigerinstrument wirkt. (Auch die menschliche Aura mit ihrer Abstrahlung könnte eine Wirkung auf die Ruten haben.)

13. Was sich über die Jahrzehnte geändert hat

Mein Elternhaus wurde 1914 gebaut und es steht als Einzelhaus neben unserem heutigen Haus im Wald. Da es zu der Zeit dort keine Wasserleitung gab, musste zuerst ein Brunnen gebaut werden. Dieser Brunnen steht genau auf einer Reizzone bzw. Wasserader und wurde von 1914 bis 1976 benutzt. Trotz der vielen Reizstreifen in dem anliegenden Waldgebiet steht das alte Haus jedoch auf keinem Reizstreifen. Aus diesem Grund vermute ich, dass der Brunnensucher damals auch den Bauplatz untersucht hat.

1971 bauten Luise und ich 50 Meter weiter unser jetziges Haus. Wir verlegten eine Wasserleitung über 200 Meter bis zum nächsten bestehenden öffentlichen Wasseranschluss. Darum brauchten wir keinen Rutengänger.

Zu diesem Zeitpunkt kannte ich auch noch nicht das Phänomen der Reizstreifen. Ich kann aus heutiger Sicht jedoch das Ergebnis beurteilen. Mein eigenes Haus steht auf zwei Reizstreifen, welche auch noch genau das Schlafzimmer durchkreuzen. In meinem alten Elternhaus von 1914, wo meine Eltern von 1957 bis 2004 wohnten und wo es keine Reizstreifen gibt, hat es auch keine Krebserkrankungen gegeben. Mein Vater erreichte sogar ein hohes Alter von 93 Jahren.

Im Schlafzimmer unseres Hauses, wie schon beschrieben, bekam ich jedoch 1979 starke Schluckbeschwerden und verspürte diese Art Kloßgefühl im Hals. Das war Anlass, das Schlafzimmer genau zu untersuchen. Das Ergebnis der Untersuchung zeigte dann, dass sich im Halsbereich ein kreuzender Streifen unter meinem Bett befand. Nach der sofortigen Bettumstellung waren der Kloß im Hals bzw. die Schluckbeschwerden schon nach ca. zwei Monaten, verschwunden.

Luise und ich bewohnen das Haus seit 1972, die Entwicklung der Schluckbeschwerden hatte also sieben Jahre gedauert. Die Betten waren schon einige Jahre umgestellt worden, als bei Luise Brustkrebs festgestellt wurde. Sie lag ja immerhin auch sieben Jahre auf dem quer durch die Betten laufenden Reizstreifen.

Für mich ist dies ein erneuter Beweis, wie wichtig der ideale Schlafplatz für die Gesundheit ist. In meinem 100 Jahre alten Elternhaus, mit alter Technik und altem Wissen, gab es keinen Krebs. In unserem 40-jährigen Haus, mit neuer Technik und vergessenem alten Wissen, gab es fast zwei Krebsfälle, auf willkürlich festgelegten Schlafplätzen.

Dies ist besonders ärgerlich, da auf meiner Luftaufnahme, wo ich alle Reizstreifen eingezeichnet habe, sehr gut zu sehen ist, dass man den Schlafbereich hätte vollkommen neutral stellen können. Ein paar Meter Verschiebung wären ausreichend gewesen. Doch dafür muss man natürlich zuerst einmal wissen, dass Gefahr von unten kommt. Für dieses Wissen wird aber leider in der heutigen Zeit überhaupt kein Interesse geweckt. Das Gegenteil ist der Fall, wenn eine Gesellschaft wie die GWUP ihre eher negativen Berichte zu diesem Thema veröffentlicht, anstatt dem Rätsel auf die Spur zu kommen.

Ich stelle mir auch die Frage, wie viele Häuser nach 1970 wohl ohne das alte Wissen um die Reizstreifen gebaut wurden. Ich glaube und behaupte für mich, dass es fast alle sind. Sofort fällt mir wieder die Aussage ein, dass zwei von drei Krebsfällen einfach Pech sind. Ich bin der Meinung, es ist höchste Zeit, dieser Pechsträhne auf den Grund zu gehen.

Nachts steht die Sonne auf der anderen Seite der Erde. Sie drückt somit mit ihrem Sonnenwind gegen das Magnetfeld der Erde und verdichtet dieses zur Erde hin. Das hat eine starke Ausdehnung auf der Nachtseite zur Folge und deshalb sind auch die physikalischen Werte der Reizstreifen sicher nicht konstant.

Es gibt die Aussagen von Rutengängern, dass die negativen Strahlen senkrecht auch durch Hochhäuser gehen. Hier kann ich jedoch nicht aus eigener Erfahrung sprechen, da ich mich bisher nur in drei Etagen bewegt habe.

Ob die jetzt häufiger gebauten Hochhäuser somit auch zu dem enorm angestiegenen Krankenstand beitragen, kann ich daher nicht sagen. Aber man sollte über meine anfängliche Aussage nachdenken, dass die Feldlinien von der Erdoberfläche senkrecht zur umgebenden Atmosphäre verlaufen. Hier geht es ja um den Potenzialausgleich zwischen Himmel und Erde. Vorstellbar ist auch, dass dieses Globalgitternetz, welches von Blitzen gespeist wird, einen besonderen Feldlinienverlauf hat. Diese Aussagen sind wissenschaftlich noch zu keiner Zeit geprüft worden.

Ganz sicher aber ist für mich, dass die Veränderung der Arbeitsplätze durch den digitalen Fortschritt nicht zur Gesundheit beiträgt. Das Statistik-Portal dokumentierte, dass es im Jahre 2010 in Unternehmen, Behörden und Bildungseinrichtungen 26,5 Millionen PC-Arbeitsplätze gab. Im Jahre 2016 waren es schon 33,1 Millionen PC-Arbeitsplätze. Das ist in dieser kurzen Zeit eine Steigerung von 25 %.

Hier denke ich keineswegs an eventuelle Gesundheitsschäden durch den Personal Computer, sondern an den auf einer Stelle konzentrierten Arbeitsplatz, der auch einen Reizstreifen aufweisen kann und an dem eine Person ca. acht Stunden lang sitzt.

Im Mittelalter gab es wohl kaum Arbeitsplätze, an denen eine Person acht Stunden auf dem gleichen Platz verweilte. Einen guten Schlafplatz für die Nacht suchte man allerdings mithilfe von Tieren oder Ruten schon zur damaligen Zeit.

14. Warum gesunder Schlaf ohne Reizzonen so wichtig ist

Der erste entscheidende Punkt ist doch, dass wir von 24 Stunden zwischen sechs und acht Stunden zentriert auf zwei Quadratmetern unsere Nachtruhe suchen.

Ich habe so einige Beweise, dass es bei längerem Aufenthalt auf bestimmten Plätzen gesundheitliche Probleme für manche Pflanzen, Tiere und Menschen zu geben scheint. Da ich mich schon lange mit dem Thema befasse, kann ich die Intensität dieses Problems, vor allem in der Natur, sehr viel besser einschätzen als ein Unbedarfter. Allein bei den mehr als 500 selbst gepflanzten Ziersträuchern auf meinem Grundstück habe ich meine Erfahrung mit Strahlensuchern und Strahlenflüchtern gemacht. Das sind die famosen biologischen Auswirkungen des Reizstreifens.

Ich versuche mit einem Beispiel zu erklären, warum der Schlaf so wichtig ist. Nehmen wir an, der Tag beginnt morgens um sieben Uhr.

Würde man, um den Tagesablauf festzuhalten, eine Kopfkamera für Bild und Ton auf dem Kopf tragen und ließe diese Kamera
16 Stunden laufen, hätte man um 23 Uhr das am Tage Gesehene und Gehörte nicht nur im Kopf, sondern auch als Datensatz in der Kamera gespeichert. Beim Ton wären dann ungefähr 1.837 Megabyte und bei Full-HD-Bild ca. 864.000 Megabyte aufgelaufen. Zusammen ergibt das 865.837 Megabyte, was eine ganz schöne Menge ist.

Diese Menge muss das menschliche Gehirn, zum Teil über Nacht, mithilfe des Hippocampus sortieren, speichern und bestimmte unwichtige Passagen entsorgen.

Gleichzeitig muss das Herz in 24 Stunden ungefähr 6.000 Liter Blut über 100.000 Kilometer Arterien, Venen und Kapillare pumpen. Die Muskelarbeit muss bewältigt werden, genauso wie die Einhaltung der Körpertemperatur von 36,5 Grad Celsius. Diese Vorgänge erfordern großen Energiebedarf.

Auch das Chemiewerk für die Verdauung, Entwässerung, Entgiftung und Stärkung des Immunsystems darf nicht vergessen werden. Das sind alles normale, sich täglich wiederholende Ereignisse im Körper.

Dazu kommen aber auch noch die nicht täglichen seelischen Belastungen, wie z. B. dauernder Streit, Angst um den Arbeitsplatz oder der Tod eines Angehörigen. Diese Vorgänge bringen Tausende von „Schwinggabeln" im menschlichen Körper in Disharmonie.

Diese komplette Energieleistung des Körpers zur Aufrechterhaltung der Gesundheit stellen die Mitochondrien, die sich in den Zellen befinden, über die eingenommenen Mahlzeiten und den zugeführten Sauerstoff bereit.

Trotz abgeschalteter Augen, Ohren und dem gesamten Bewegungsapparat in der sogenannten Schlafstarre hat das Gehirn noch einiges zu bewältigen und braucht hierfür unbedingt einen ungestörten Schlafplatz.

Zum besseren Verständnis der Gehirnleistung nehmen wir den Vergleich mit der 16-stündigen Kameraaufnahme mit Bild und Ton. Die ganzen Informationen sind ja auch alle im Gehirn angekommen und müssen in der Schlafphase verarbeitet werden.

Will ich die 16 Stunden Kameraaufnahmen jetzt zu einem interessanten Film gestalten, brauche ich mit Schneiden, Aussortieren von Unbrauchbarem, richtigem Vertonen usw. geschätzte acht Tage.

Für mich ist es eine klare Sache: Können alle diese Aufgaben vom Gehirn und Körper in jeder Schlafnacht erfüllt werden und keine von den Hunderttausenden Nervenzellen (Stimmgabeln) schwingt unharmonisch oder kommt sogar zum Stillstand, dann kann man fröhlich, munter und gesund den nächsten Tag beginnen. Einen gesunden Schlafplatz zu haben ist meiner Ansicht nach der **wichtigste** Faktor für ein gesundes Leben.

Am 24.01.2020 schrieb der *Kölner Stadt-Anzeiger*:

„Das Gesundheitsministerium erklärt, gesunder Schlaf habe in jedem Lebensalter hohe Bedeutung für den Erhalt von körperlicher und psychischer Gesundheit sowie kognitiver Leistungsfähigkeit. Hunderttausende Patienten mit Schlafstörungen werden in Deutschland jährlich in Krankenhäusern behandelt."

Der zweite, wichtigste Punkt ist eine gesunde Ernährung, viel Bewegung und sportliche Betätigungen. Ein sportliches und vegetarisches Leben sind aber noch kein sicherer Schutz vor Krankheiten. Wenn schon kranke Zellen in der Nachtruhe im Körper entstehen, werden diese durch gesunde Kost genauso vermehrt wie die gesunden Zellen. Das erscheint doch ganz logisch.

15. Wie man herausfindet, ob man Reizzonen aufspüren kann

Am Anfang bedurfte es schon einiger Übung, die drei Millimeter dicken Schweißdrähte richtig zu führen, damit sie nicht vom Eigengewicht zur Seite fallen. Auch hier stimmt der Spruch: „Übung macht den Meister."

Ich persönlich benutze als Ruten zwei ein Meter lange Eisenschweißdrähte, die drei Millimeter dick sind. Diese sind nach 15 Zentimetern rechtwinklig gebogen, um die Griffstücke der Ruten zu formen. Normalerweise spielt das Material der Rute keine Rolle, es kann Eisen, Messing, Kunststoff oder die bekannte Holzrute sein. Für mich habe ich die zwei Eisenschweißdrähte, die bei meinem Wünschelrutenstart 1976 mit dem Baggerführer schon reagierten, als die empfindlichsten erkannt.

Mann mit Rute

Jetzt werden Sie sich wahrscheinlich fragen, ob auch Sie eine gewisse Fühligkeit zum Wünschelrutengehen besitzen und wie Sie diese testen können.

Zum Messen wende ich persönlich die seit uralten Zeiten benutzte mentale Methode an. Ich werde Ihnen erklären, wie Sie mit dieser Methode vorgehen sollen. Machen Sie sich frei von allen anderen Gedanken und konzentrieren Sie sich nur auf Ihre radiästhetische Arbeit. Dabei stellen Sie sich mental auf ein bestimmtes Objekt ein, z. B. auf ein durch die Straße laufendes Elektrokabel. Mit dem Gedanken, beim Überqueren dieses Kabels soll die Rute drehen, gehen Sie langsam los und überlassen den Rutenausschlag ganz Ihrer Strahlenfühligkeit, um damit Wunschdenken auszuschließen. Dazu halten Sie die Ruten am kurzen Ende in der Hand und mit den langen Seiten parallel nach vorne, etwas abgesenkt.

Bei diesem Vorgang sollten Sie genau wissen, wo das Kabel verläuft, um an dieser Stelle der Rute etwas Luft zur Bewegung zu geben, und Sie sollten diesen Vorgang an einigen Tagen wiederholen. Wenn sie dann nach ein paar Tagen das Gefühl haben, die Rute geht allein auseinander, haben Sie Ihr Gefühl wecken können, das mit weiterem Üben immer besser und sicherer wird. Das ist wie beim Klavier spielen.

Wenn es bei Ihnen funktioniert, merken Sie sofort, dass eine unsichtbare Kraft die Ruten auseinanderdrückt.

***

Vor etwa 17 Jahren, im August 1999, ließ ich in meinem Haus, von der schon erwähnten Firma Textor, eine Wärmepumpe installieren. Zuvor hatte ich mit meinen Rutenmessungen genau festgelegt, wo die zwei 63 Meter tiefen Bohrungen gemacht werden sollten. Der auserkorene Platz befand sich vor dem Schlafzimmer auf den Reizstreifen, die ich schon vor Jahren gemessen und wegen denen ich aufgrund meiner Schluckbeschwerden auch damals das Ehebett umgestellt hatte.

Die Firma Textor, die die Bohrungen vornahm, fuhr mit dem ganzen Material vor und die Arbeiter fingen nach den Vorbereitungen an, ihre riesigen Bohrer in die Erde zu fahren.

Nach 16 Meter Tiefenbohrung schoss zu meiner größten Befriedigung die erste Wasserfontäne in die Höhe. Ich habe heute noch Bilder, auf denen zu sehen ist, wie ich vor dem Wasser flüchtete. Seit diesem Ereignis wird mein Haus nicht mehr von einem Reizstreifen durchlaufen, sondern von einer Wasserader. Diese ist ja nun eindeutig nachgewiesen. Die Freude galt dem Wasser, das den Wirkungsgrad der Wärmepumpe erhöht.

Wasserbohrung

Ich wurde in den Jahren meines Wünschelrutenhobbys des Öfteren verunsichert. In vielen Zeitschriften und Berichten wurden die Rutengänger überhaupt nicht positiv dargestellt. Man disqualifizierte sie als Scharlatane und ein Unterschied wurde kaum gemacht.

Nach diesem positiven Bohrergebnis war ich jedoch wieder vollends von meinen Messungen überzeugt und äußerst motiviert. Einen besseren Beweis gab es für mich nicht!

Da diese Wasserbohrung so gut funktionierte, kam ich dann auf die Idee, zum Vergleich einen ausgebildeten Rutengänger zu bestellen. Ich wollte, dass dieser mein Haus ausmisst, meine Messungen bestätigt und mich mit ihm ein wenig über das Thema Radiästhesie unterhalten.

Ich entdeckte eine Zeitungsanzeige „Geprüfter Rutengänger" und bestellte telefonisch diesen Spezialisten für damals noch 240,- DM, inklusive Anfahrt. Nachdem der Rutengänger bei mir eingetroffen war, erwähnte ich mit keinem Wort, dass ich selbst mit dem Thema bestens vertraut war. Nach einem kurzen Gespräch mit diesem Mann bat er mich, zuerst einmal das Schlafzimmer untersuchen zu können.

Die Bitte des Rutengängers, die Messung allein im Schlafzimmer durchführen zu dürfen, respektierte ich, auch wenn es genau das Gegenteil meiner eigenen Vorgehensweise war. Etwa 15 Minuten später kam er wieder aus dem Zimmer heraus und informierte mich, dass unter dem Ehebett eine Reizzone sei und ich dieses umstellen müsse. Genau durch das Ehebett (das ich ja bereits in einen reizzonenfreien Bereich gestellt hatte) würde eine sich kreuzende Wasserader verlaufen. Anhand einer Skizze, die er angefertigt hatte, erklärte er mir dann die Gefährlichkeit meiner Situation.

Im Inneren sehr genervt und total verärgert fragte ich ihn nach seinem Beruf. Er antwortete nichtsahnend, dass er

Vertriebsleiter in einem Betrieb sei. Da sein Beruf ihm nicht viel Spaß mache, habe er sich zum Radiästheten ausbilden lassen und verdiene damit viel Geld.

Erst nach dieser Aussage klärte ich diesen Rutengänger auf, dass er mit seiner Messung das Bett vom neutralsten Platz im Zimmer auf die tatsächliche Wasserader verschieben würde. Dies konnte ich anhand der Bohrungen für die Wärmepumpe sogar beweisen. Der „professionelle" Rutengänger war sprachlos. Er brauchte aber auch gar nichts mehr zu sagen. Ich beendete die Vorstellung auf der Stelle, indem ich ihm deutlich mitteilte, dass er von der Materie keine Ahnung hätte, und verabschiedete ihn umgehend.

Ich machte bei diesem Ereignis die leidvolle Erfahrung, dass genau solche Typen die Erforschung dieses biophysikalischen Phänomens verhindern. Der Auftritt dieses Mannes, der wirklich ein Scharlatan war, hatte jedoch auch etwas Gutes.

Die Verrisse in Funk und Fernsehen stören mich nun nicht mehr so sehr, da ich der Meinung bin, dass solche Leute, die nur auf Profit aus sind und die Menschen eher krank als gesund machen, aussortiert werden müssen.

Nach diesem Vorfall nahm ich mir vor, verstärkt Reizstreifen zu suchen sowie deren Verlauf und ihre biologische Wirkung auf die Natur zu untersuchen. Es ist mein fester Wille, die physikalische Ursache für das Drehen der Rute reproduzierbar anzuzeigen. Durch den Umstand, dass ich direkt am Waldrand wohne, sind gute Möglichkeiten dazu gegeben. Es ist einfach nicht zu übersehen, dass sich auf diesen Reizstreifen viele biologische Auswirkungen zeigen. Diese fallen aber erst auf, wenn man sich mit dem Thema befasst. Ich bin auch zu dem Schluss gekommen, dass dieses Phänomen in der Natur entschlüsselt werden muss.

Wenn Sie also nicht selbst messen können, da es bei Ihnen nicht funktioniert, ist es wahrscheinlich keine leichte Aufgabe, einen glaubhaften Rutengänger ausfindig zu machen, obwohl es mit Sicherheit so einige gibt.

Aus diesem Grund ist es unbedingt mein Ziel, dass diese Reizstreifen in der Zukunft wissenschaftlich nachgewiesen werden können, beziehungsweise messbar sind. Bis es so weit ist, empfehle ich eine Wünschelrutenwebseite, wo ich mit den meisten Informationen übereinstimme und die mir glaubwürdig erscheint: rutengaenger-verein-sued.de.

16. Der Unterschied zwischen Strahlen

Wie schon erwähnt, empfangen die Menschen das Licht über ihre Augen, bis es sich zum Bild entwickelt. Das ist ein sehr komplexer Vorgang und nicht leicht nachzuvollziehen.

Aus diesem Grund will ich meine Aussage, dass man mit der Fußreflexzone elektromagnetische Signale empfangen kann, anhand des Beispiels der mitschwingenden Stimmgabeln erklären. Solange man ein Phänomen noch nicht entschlüsseln kann, muss man nämlich empirisch ermitteln. Dies erkläre ich folgendermaßen.

Um einen Reizstreifen zu finden, gehe ich mit der Rute in den Händen und mit den Gedanken an den zu findenden Reizstreifen los. Mein Gedanke aktiviert im Hippocampus das angeborene Empfängerneuron der Strahlenflüchter. Gehe ich weiter und trete auf den Sender im Boden, gehen die beiden Schwingkreise in Resonanz. Fachlich heißt es, die Nervenzellen feuern, wie schon in einem vorherigen Kapitel erwähnt. Der Hippocampus, den ich mit einer Hotelrezeption vergleiche, kommt jetzt meiner mentalen Aufforderung nach, diese aufgetretene Resonanz durch ein gesondertes Signal weiterzuleiten, um es mit der Rute anzuzeigen.

Genau dasselbe passiert, wenn ich in Gedanken eine Wasser- oder Strom- und Telefonleitung suche. Gehen meine Gedanken (an eine Telefonleitung) und das Überqueren dieser Telefonleitung in Resonanz, zeigt die Rute dies an. In Wirklichkeit ist es etwas komplizierter, aber auf diese Weise ist es besser erklärbar.

Viele der älteren Generation kennen sicher noch den alten Volksempfänger. Vorne ist das Sendersuchrad, das dann im Alu-Scheiben-Kondensator endet. Beim Drehen der Scheiben knisterte und rauschte es, bis man plötzlich Resonanz mit einem entfernten Sender gefunden hatte und die schönste Musik erklang.

Volksempfänger

Beim Wünschelrutenphänomen ist mein Kopf der Kondensator und die Reizzone, die sich bei Resonanz meldet, ist der entfernte Sender.

Weil ich auch gelesen habe, dass man mit der Rute Bodenschätze wie Metalle finden kann, wollte ich das testen. Ich fragte mich, ob ich nur in der Lage wäre, Wasser und Leitungen aufzuspüren oder aber auch Silber oder generell Metalle.

Der nahe Wald, wo in einem bestimmten Gebiet bis 1978 Zink, Bleierze und minimal Silber abgebaut wurde, stellte für mich einen idealen Platz dar, um den in Gedanken ausgedachten Test durchzuführen.

So sollte es funktionieren!

Für eine Wasserader oder einen Reizstreifen haben die Menschen im Bauplan ihrer Zellen eine Referenz, die ich hier „Ortszelle zum Auffinden des Reizstreifens" nenne.

Nun nahm ich aber ein kleines Silberherz von Luises Kette, welches ich über den Griff der Winkelrute schob. Diese vom

Silberherz abgegebene Frequenz in meiner Handfläche sollte jetzt über den Hippocampus zu den großen Zehen gesendet werden und so in Resonanz mit dem Silber im Boden gehen. Der Rutenausschlag sollte also über das Silber eingeleitet werden. Jetzt war die Schwingung des Silberherzens der Sender und im Boden suchte ich dazu den Empfänger. Auch hier ist eine Symbiose der menschlichen Aura mit dem Silberherz als Sender denkbar.

Für diese neue Aufgabe bereit marschierte ich nun mit dem Gedanken, Silber zu suchen, in Richtung Förderturm im nahen Waldgebiet. Nach ungefähr 500 Metern drehten dann plötzlich meine Ruten. Da dieser Ort jedoch starke Hanglage hat, hatte ich Schwierigkeiten, dieser Reizzone bis zur Talsohle zu folgen. Schließlich schaffte ich es aber doch, sie zu erreichen. Ich markierte die gefundene Stelle, an der ich jetzt selbstverständlich graben wollte. Da es die Talsohle war, vermutete ich eine geringere Tiefe. So ging ich zurück nach Hause, um einen Spaten und eine Spitzhacke zu holen.

Eine halbe Stunde später, mit meinen Werkzeugen wieder am markierten Ort angekommen, fing ich an zu schaufeln und kam so richtig ins Schwitzen. Nach ca. 1,2 Metern stieß ich plötzlich in dem stark schräg abfallenden Gelände auf ein kreisrundes Loch im Lehm mit einem Durchmesser von ca. 60 Zentimetern. Dieses Loch war gefüllt mit einem silbrigen, nassen, Quarzsand ähnlichen Material.

Metallader

Nach diesem Fund war ich einigermaßen platt. Ob dies nun Silberglanz oder ein dem Silber ähnliches Material war, interessierte mich in diesem Moment herzlich wenig. Aber so eine kreisrunde Ader mit Quarzsand ähnlichem Material mitten im Lehmboden zu finden, indem ich dem Reizstreifen bis zur Talsohle folgte, war ein wunderbares Erlebnis. Die Entfernung vom ersten Rutenausschlag auf dem begehbaren Waldweg bis zur Talsohle, der Stelle der Grabung, schätzte ich auf ungefähr 110 Meter.

Dieses neue Abenteuer zeigte mir ganz deutlich den Unterschied zwischen einem Reizstreifen, der immer seine elektromagnetischen Wellen sendet, sodass man ihn finden kann, und dem Finden einer Sache, bei der der Mensch selbst die elektromagnetische Welle als Vergleich zur Resonanz im Boden vorgibt oder sendet. In diesem Falle hatte ich „Silber" vorgegeben. Es war mein erster Versuch und er führte direkt zum Ziel. Was für ein Erfolg!

Die Bodenprobe schickte ich natürlich ins Labor, um sie untersuchen zu lassen. Der Laborbericht postulierte, dass diese Bodenprobe viel Zink, Blei und geringe Silberanteile enthielt. Bei meinem allerersten Versuch hatte ich also Metall gefunden. Das Labor teilte mir mit, dass vor allem der Zink- und Bleianteil sehr ausgeprägt sei.

Durch diese Experimente wird für mich immer klarer, dass es einen sechsten Sinn geben muss. Die dem Menschen gegebenen fünf messbaren Sinne sind das Fühlen, das Hören, das Sehen, das Schmecken und das Riechen. Der sechste Sinn ist für mich das Empfangen.

Empfangen werden die physikalisch **noch** unbekannten elektromagnetischen oder magnetischen Signale der Erdfrequenz. Wie schon erwähnt, haben neurobiologische Untersuchungen ergeben, dass die Grundfrequenz des Hippocampus in unserem Gehirn im Bereich der Schumann-Frequenz von 7,83 Hz liegt. Außerdem empfange ich selbst Signale aus der Ionosphäre, die meine Rutenfähigkeiten ab- und anschalten können. Dazu berichte ich in einem der nächsten Kapitel.

Unsere einjährige Tochter Adriana war damals der biologische Sensor im Kinderbett, welches auf einer Reizzone stand. Das Baby, von Natur aus ein Strahlenflüchter, hat im Hippocampus eine Ortszelle, die auf dem Reizstreifen in „Resonanz" dauernd feuert. Diesem unangenehmen Gefühl weichen die Kleinkinder unbewusst aus. Das sagt ganz deutlich aus, dass das Baby eine magnetische, oder elektromagnetische, unbekannte physikalische Einheit empfängt.

Ich stelle Überlegungen an, wie man auf den sechsten Sinn, den ich „Empfangen" nenne, eingehen kann. Auf einem Luftbild sind die von mir festgestellten Reizstreifen der Umgebung aufgezeichnet.

Diese Aufzeichnungen sind nur möglich, wenn sie mir irgendwie angezeigt werden. Wie sollte ich auch sonst dem biologisch wirksamen Streifen mit seinen Strahlensuchern und Strahlenflüchtern folgen können? Es muss ja eindeutig ein Signal aus dem Boden kommen, welches ich empfangen kann. Da alle menschlichen Organe an festgelegten Zonen in der Fußfläche auslaufen, hat das Gehirn zum Beispiel eine Verbindung über das Rückenmark und den Ischiasnerv zu den großen Zehen und endet dort mit den Dendriten. Mit bis zu einem Meter Länge ist unser Ischiasnerv der längste Signalleiter.

Die Dendriten, vergleichbar mit einer Minibaumkrone sind Empfangsantennen, da sie elektrische Signale, auch von den Nachbarzellen, aufnehmen.

Für mich sind die Menschen damit naturverbunden geerdet. Das Signal kommt jetzt über die Nervenzellen zum Hippocampus im Gehirn.

17. Wie man sich gegen die Strahlung schützen kann

Eines Tages habe ich die Reifen meines Autos gewechselt und mein ältester Enkel Nathan erklärte sich bereit, mir dabei zu helfen. Als er den ersten Reifen abmontierte, erzählte er mir die Neuigkeiten von seiner Ausbildungsstelle. Ich hörte ihm interessiert zu, bis ich ihn plötzlich unterbrach, um einen kleinen Witz zu machen. Ich regte ihn an, die glänzenden Bremsscheiben gut einzufetten, damit sie nicht rosteten.

„Opa", antwortete Nathan, indem er ganz natürlich so tat, als nähme er meine scherzhafte Anweisung ernst: „Soll die Kraft der Bremsbacken etwa wirkungslos werden?"

Nathan sah dann nur noch ganz erstaunt, wie ich ohne Vorwarnung durch die offene Garagentür ins Haus ging. Eine Minute später tauchte ich jedoch wieder mit einer Flasche Speiseöl und meinen Wünschelruten auf. Nathans Bemerkung hatte bei mir eine Idee hervorgerufen.

Bevor dieser eine Frage stellen konnte, schüttete ich nun etwas Speiseöl auf meine beiden Handflächen und ging, die Drahtruten in den geölten Händen haltend, einige Male über die mir bekannten Wasseradern. Ich stellte fest, dass trotz der geölten Hände die Rute reagierte, ihrem Drehspin nachkam und ausschlug.

Nathan schaute grinsend zu und war erfreut, dass seine Antwort auf meine dumme Bemerkung, die Bremsbacken einzufetten, mich zu diesem neuen Experiment getrieben hatte.

Da der Drehspin durch das Öl erhalten blieb, fiel mir sofort etwas Neues ein. Ich holte mir zwei Strohhalme und steckte sie über die Griffe und hatte somit keine Berührung mehr mit den

Drahtruten. Auch bei diesem neuen Versuch drehten die Ruten in den Strohhalmen genauso gut wie direkt in den Händen.

Nachdem am Auto sämtliche Reifen gewechselt waren, gingen wir beide hinein, um mit den anderen Kaffee zu trinken. Vorher wusch ich mir im Badezimmer die öligen Hände und kam in die Küche, wo Nathan vor der laufenden Mikrowelle stand und durch das Sichtfenster schaute. Er beobachtete seine Tasse mit Milch, die er sich gerade aufwärmte.

Sehr beunruhigt fragte ich ihn, welche Körpertemperatur er denn habe. Die Antwort meines Enkels auf diese ohne Zusammenhang erscheinende Frage kam auch prompt: „Gewöhnlich 37°." Jetzt wollte ich aber wissen, wie viel das noch bis 42° sei. Das war natürlich eine fast beleidigende Frage für den schlauen Jungen. Nathan reagierte auch sofort auf seine trockene Art, indem er antwortete: „Opa, der Unterschied sind 5° und bei 42° kommt der Mann im weißen Kittel."

Ich belehrte nun Nathan, dass er doch wüsste, dass sein Gehirn zu ca. 85 % aus Wasser bestehe. Es könne wohl nicht gut sein, wenn er eine Tasse 5° kalter Milch nehme und aus dieser Nähe in die Mikrowelle schaue, bis die Milch nach zwei Minuten koche.

Nathan, ein wenig beleidigt über die Andeutung, dass er einen Wasserkopf habe, fragte mich nun, ob ich schon einmal etwas vom faradayschen Käfig gehört hätte. Er erläuterte, dass im Fenster der Mikrowelle ein Drahtgewebe eingebaut sei, welches wie eine elektrische Abschirmung wirke.

Trotz der Bitte von Luise, doch zuerst an den Kaffeetisch zu kommen, holte ich mein TriField-EMF-Meter-Messinstrument aus meinem Hobbykeller und zeigte Nathan, dass der Zeiger noch im Abstand von 50 Zentimetern vor dem Mikrowellenherd voll ausschlug. Nathan schaute mich ungläubig an und ich bat ihn, doch einmal sein Handy in die Mikrowelle zu legen. Als

Nathan dies getan hatte, wählte ich seine Nummer. Als es kräftig klingelte, waren wir beide der Meinung: „Wo etwas hineingeht, geht auch etwas heraus!"

Jetzt wickelten wir das Handy in Alufolie ein und legten es auf den Tisch. Ich wählte erneut die Nummer, doch diesmal blieb es mucksmäuschenstill. Diese Tatsache löste bei mir wieder eine neue Idee aus.

Aufgrund der mit Nathan durchgeführten Mikrowellen- und Handytests wollte ich nun weitere Forschungen anstellen. Ich hoffte, dass diese mich bei der Lösung, den Rutenausschlag zu beweisen, näherbringen würden.

Für mich sind die großen Fußzehen die Aufnahmeantennen der Signale aus der Reizzone. Wenn die totale Abschirmung für dieses Signal aus der Erde zutrifft, so wie bei dem in Alufolie gewickelten Handy, müsste ich jetzt nur meine beiden Füße in Alufolie einwickeln und über die Reizstreifen laufen. In diesem Falle dürften die Strahlen dann nicht mehr von der Erde über den Zeh weitergeleitet werden. Vor allem, da das Signal aus der Erde wesentlich schwächer ist und im Gegensatz zu dem Signal vom Handy „noch" nicht gemessen werden kann.

Gesagt, getan. Ich holte die Rolle mit Aluminiumfolie aus der Küchenschublade und baute mir zwei futuristische Schuhe aus Alufolie. Als sie fertig waren, stülpte ich meine Kreationen wie Pantoffeln über die Füße, erhob mich und nahm meine Drähte zur Hand.

Langsam bewegte ich mich über die mir bekannte Wasserader, und die Wirkung war großartig! Nichts. Wie von mir erwartet gab es nun keinerlei Rutenausschlag mehr.

Nach drei bis vier Wochen häufiger Versuche stellte sich jedoch heraus, dass die Wirkung der Aluminiumfolie nachließ und das Messen trotz dieser möglich war. Jetzt stellte ich mir die Frage, ob die Folie der Pantoffeln durchlässig geworden war oder ob vorher nur mein Wunsch zu diesem Ergebnis geführt hatte?

Wie schon erwähnt, ist mir ja bestens bekannt, dass jeder versuchte Beweis mit einfließendem Wunschdenken das Ergebnis verändert und somit zum Würfelergebnis wird. Erfreut war ich aber trotzdem. Dieser Test brachte mich in meiner Sache wieder ein Stück weiter. Denn ohne Kenntnis dieser physikalischen Abstrahlung aus der Erde ist eine sichere Abschirmung der Strahlen kaum möglich. Hier ist zu bedenken, dass magnetische Strahlen bis auf Eisen fast alle Materialien durchdringen, sollten Neutrinos an der Reizzonenstrahlung beteiligt sein, die durch die Erde sausen und zum Teil an der gegenüberliegenden Seite aus der Erde wieder austreten.

Mein Plan ist es, mehrere Tests mit meinem großen Zeh als Empfangsantenne zu machen, sobald es mir möglich wird, ein mobiles EEG-Gerät zu bekommen. Ich erhoffe mir damit, beim Überschreiten des Reizstreifens einen Ausschlag zu erzielen, den das EEG-Gerät dann anzeigt.

Ich glaube, dass es keinen sicheren Schutz vor Reizstreifen gibt, außer diese zu meiden, da ich auch 20 Entstörgeräte käuflich erworben habe, um hiermit Erfahrungen zu sammeln. Diese habe ich dann bei Interessenten aufgestellt, jedoch später in der Probe und Testphase keine Wirkung nachweisen können. Die Geräte sollten laut Anweisung mithilfe eines Kompasses genau in Nord-Süd-Richtung aufgestellt werden, um die Reizzone zu eliminieren. Zum Test ging ich in die erste Etage und meine Tochter aktivierte oder deaktivierte im Parterre das Entstörgerät. Ich konnte in der oberen Etage jedoch kein positives Ergebnis feststellen.

Der Stückpreis der Geräte belief sich damals auf bis zu 198,- DM. Hier geht es wieder um den Gewinn, den man mit dem Material machen kann, aber eine Garantie zur Erhaltung der Gesundheit gibt es nicht.

Die beste Abschirmung konnte ich mit Alufolie erreichen, stellte aber fest, dass diese nach drei bis vier Wochen auch durchlässig und wirkungslos wurde, wie bei dem Experiment mit meinen Aluschuhen. Das ist eventuell vergleichbar mit einer imprägnierten Zeltplane, die bei Dauerregen durchlässig wird.

Nach Rücksprache mit meinem studierenden Enkel gibt es bei der Abschirmung mit Alufolie noch ein wichtiges Merkmal zu beachten. Hohe Frequenzen können gut abgeschirmt werden, während niedrige Frequenzen schwerer abzuschirmen sind.

Wer Erdstrahlen ablehnt, nur weil er noch keine gesehen oder gespürt hat, macht es sich zu leicht. Die Erdstrahlen braucht der Körper genauso wie die Sonnenstrahlen, aber auch nicht acht Stunden auf eine Körperregion konzentriert. Und genau das passiert am Schlafplatz oder am Sitzplatz während des achtstündigen Arbeitstages. Würde man bewusst die konzentrierten Erdstrahlen vermeiden, so wie man es mit Sonnenstrahlen macht, könnte man die Rate aller Krebsarten um einiges verringern. Davon bin ich sehr überzeugt.

Manchmal denke ich, wie schön es doch wäre, wenn jedermann eines Tages eine App installieren könnte, die einem anzeigt, ob man sich auf einer Reizzone befindet oder nicht. Mit dem Gebrauch so einer App würde man die Krebstherapiekosten wahrscheinlich stark reduzieren können.

In einem Zeitungsartikel von Prof. Dr. Karl Lauterbach habe ich gelesen, dass diese Kosten pro Patienten und Jahr mit 150.000 bis 200.000 Euro berechnet werden. Mit der Einsparung solcher Geldmengen könnte man sich sicher sinnvollere Ziele stecken. In dem gleichen Artikel stand auch zu lesen, dass 50 bis 65 % aller Krebsfälle purer Zufall wären.

Um das Higgs-Teilchen[2] zu finden, wird die größte Maschine der Welt gebaut. Die biologisch wirkenden, teils gefährlichen Reizstreifen werden jedoch bisher ohne Erfolg erforscht. Liegt es vielleicht daran, dass mit Gesundheit nicht viel Geld zu verdienen ist?

Auf meiner Karte mit den aufgezeichneten Reizstreifen ist leicht feststellbar, dass sehr viele Schlafplätze falsch gewählt werden. Mit der Anwendung des Wissens von früher, die Baustellen oder den Schlafplatz einen Meter nach rechts oder links zu legen, würde man die „zufälligen" Krankheitsfälle sicher stark reduzieren können.

---

[2] Das Higgs-Teilchen ist ein nach dem britischen Physiker Peter Higgs benanntes Elementarteilchen aus dem Standardmodell der Elementarteilchenphysik.

18. Andere interessante Informationen für den Biophysiker

Ich denke sehr viel über den sechsten Sinn nach, welcher für mich auf jeden Fall existiert.

Im Laufe der Jahre haben sich manche Begebenheiten zugetragen, über die ich außerhalb der Familie nie gesprochen habe. Ich erinnere mich, dass ich vor vielen Jahren über das Wünschelrutenphänomen einen vertrauensvollen Austausch mit einem ehemaligen Arbeitskollegen hatte.

Eines Tages, als ich bei dem Kollegen zu Besuch war, machte dieser mir einen Vorschlag. Er wollte sich draußen auf dem Hof eine Bodenplatte anschauen und sich diese merken. Ich sollte sie dann mit der Wünschelrute finden.

Ich erinnere mich heute noch genau, dass ich über diesen Vorschlag meines Kollegen etwas erstaunt war. Das hielt mich aber nicht von der Ausführung dieses Plans ab. Ich marschierte also mit der Rute über den Hof, Reihe für Reihe, hin und her, bis sich die Rute drehte.

Ich höre heute noch den plötzlichen Ausruf meines Kollegen, dass dies genau die Platte sei, die er sich gemerkt habe. Danach sprachen wir beide über das Phänomen und ich vertraute meinem Kollegen an, dass ich eine Gänsehaut hätte, weil dies für mich selbst nicht nachvollziehbar sei. Zaubern kann keiner und physikalisch konnte ich mir den Vorgang auch nach längerer Zeit nicht erklären.

Einige Zeit nach diesem Ereignis bat ich meine Tochter Adriana, dass sie sich auf dem Wohnzimmerteppich irgendeine Stelle merken solle. Ich wollte ihr dann sagen, welche Stelle das sei.

Auch hier drehte die Rute, als ich die Stelle, die sich Adriana gemerkt hatte, betrat. Ich nahm in der nachfolgenden Zeit weiterhin unterschiedliche Versuche vor und stellte fest, dass dieses Phänomen keine Eintagsfliege war.

Eine ganze Zeit später kam es jedoch zu einem anderen Vorfall. Meine Familie war bei meinem Schwager zu einer Feier eingeladen. Nach dem Kaffee kam ich dann auf die verrückte Idee, mein Können mit der „gemerkten Stelle" vorzuführen. Es war das erste Mal, dass dies außerhalb der engen Familie geschah, abgesehen von dem erstmaligen Messen bei meinem Arbeitskollegen, wo der ganze Spaß begonnen hatte.

Ich erklärte meinem Schwager, was er machen sollte, und versprach ihm, dass ich seine gemerkte Stelle mit den Wünschelruten suchen würde.

Gesagt, getan. Nachdem mein Schwager sich eine Stelle gemerkt hatte, ging ich los, bis sich die Ruten drehten. Doch es folgte bei mir eine tiefe Enttäuschung, als er mir mitteilte, dass dies nicht die Stelle sei, die er sich gemerkt habe. Ich schwor mir auf der Stelle, solche Versuche nicht mehr als Vorführung oder Spektakel anzuwenden. Das Thema war in diesem Moment für mich erledigt.

Später, beim Abendessen, trat dann jedoch die komplette Kehrtwendung ein. Mein Schwager teilte mir wortwörtlich mit: „Ich muss dir noch etwas zu dem Versuch sagen. Die Stelle, die du gefunden hast, hatte ich mir zuerst gemerkt. Da du aber gesagt hast, ich soll wegen der Rutenlänge einen Meter Abstand von der Wand halten, habe ich eine zweite Stelle gewählt. Da du aber längs gelaufen bist und nicht mit den Ruten auf die Wand zu, haben sie sich dann auf der von mir zuerst gemerkten Stelle gedreht."

Ich kann heute noch nachempfinden, welche Erleichterung ich in diesem Moment verspürte. Diese Geschichten sind nun schon Jahre in den Hintergrund geraten. Es ist der berühmte sechste Sinn, der mich nun wieder auf diese Spur bringt.

Etwa 30 Jahre später wollte ich nun einen ähnlichen Versuch mit meinem Enkel Nathan durchführen. Für den Test waren einige Vorbereitungen notwendig. Da ich die um mein Haus verlaufenden Reizstreifen alle kenne und ich damit nicht in Berührung kommen wollte, spannte ich auf neutralem Boden eine rote Maurerschnur quer durch den Garten. Ich wusste, dass es dort keine Reizstreifen gab.

Als wir an der gespannten Schnur standen, gab ich Nathan eine Einwegspritze, welche ich zuvor mit normalem Wasser gefüllt hatte. Ich bat ihn, an irgendeiner Stelle der Schnur einen Tropfen fallen zu lassen und sich diese Stelle dann ganz genau zu merken. Während Nathan die Anweisungen ausführte, hielt ich mich im Schlafzimmer auf, bis mein Enkel mich rief.

Nun folgte ich mit meiner Wünschelrute der Maurerschnur, bis sich die Stäbe plötzlich drehten. Nathan sagte locker: „Genau als du mit dem Fuß auf die von mir gemerkte Stelle kamst, haben sich die Stäbe gedreht."

Ich war nicht mehr besonders erstaunt, aber trotzdem erfreut. Mit dem Tropfen Wasser hatte das Finden der Stelle sicher nichts zu tun. Der Tropfen war nur dafür gedacht, dass sich Nathan die Stelle genau merkte, denn sein Handy konnte er ja nicht dort hinlegen.

Für mich kamen nun zwei Möglichkeiten infrage. Entweder Nathan stellte beim Anschauen der Stelle eine elektromagnetische Welle mit diesem Punkt her, die ich selbst dann aufnehmen konnte, oder aber – was für mich noch wahrscheinlicher ist –Nathan ließ mir durch seine Anwesenheit und den Gedanken: „Gleich tritt er auf die gemerkte Stelle", ein Signal zukommen.

Diese Vermutung eines Signals ist für mich vertretbar, da ich eine ähnliche Geschichte von meiner Nachbarin kenne. Ihr Hund sprang immer auf, bellte und lief an die Haustür, wenn sein Herrchen in fünf Kilometern Entfernung von der Autobahn abfuhr und nach Hause kam. Warum sollte bei mir, im Abstand von 20 Metern, nicht das funktionieren, was beim Hund der Nachbarin schon im Abstand von 5.000 Metern passierte?

Es beunruhigt mich wirklich sehr, dass das Thema Wünschelrute immer mehr in Vergessenheit gerät. Dieses Experiment und die anderen Beispiele aus meiner Vergangenheit würden natürlich als Esoterik sofort verworfen, weshalb ich damit auch sehr vorsichtig umgegangen bin. Ich hatte lange die Überlegung, diese Aussage wieder zu löschen. Ich habe jedoch immer noch die Hoffnung, dass diese Experimente für einen ernsthaften Wissenschaftler ein nützlicher Anhaltspunkt sein können. Wie sagte Max Planck so schön? „Die Wahrheit triumphiert nie, aber ihre Gegner sterben aus."

19. Was gibt es für Einflüsse?

Im Jahre 2015 musste ich zu meinem Leidwesen feststellen, dass es etwas gab, das meine Fähigkeit, mit der Wünschelrute zu gehen, abschaltete.

Es war genau am 16. Juni 2015, als ich um 24 Uhr mit meinen Ruten durch das Schlafzimmer über die Wasserader ging. Für meine Experimente messe ich zu allen möglichen Zeiten und da Luise sowieso meistens erst gegen ein oder zwei Uhr nachts ins Bett geht, wird sie dabei auch nicht gestört. Wenn ich über die mir seit Langem bekannten Reizstreifen gehe, ist der Rutenausschlag natürlich immer da.

An diesem Abend traute ich jedoch meinen Augen, oder eher gesagt meinen Händen, nicht. Es gab absolut keinen Ausschlag mehr. Wie war das bloß möglich? Ich war wie vor den Kopf gestoßen und musste mich erst einmal aufs Bett setzen und nachdenken, bevor ich konzentriert überlegen konnte.

Nachdem ich Luise über diese mir unbegreifliche Situation informiert hatte, legte ich mich ins Bett, wo ich nicht einschlafen konnte. Irgendwann verfiel ich dann jedoch in einen unruhigen Schlaf.

Als ich am nächsten Morgen aufwachte, kam mir das für mich ungeahnte Ereignis des vorigen Abends sofort wieder zu Bewusstsein. Es war in der Tat kein Albtraum gewesen.

Ich probierte jetzt wieder, den Rutenausschlag auf mehreren meiner bekannten Reizstreifen zu testen. Alle Versuche schlugen jedoch erneut fehl. Diese Sache ließ mir nun überhaupt keine Ruhe mehr. Ich vermutete einen unbekannten Sender, der meine natürlichen Bewegungen hier störte. Anders konnte ich mir dieses Phänomen nicht erklären.

Ich warf dann doch noch einen lustlosen Blick in die Tageszeitung und stimmte ausnahmsweise sofort zu, als Luise mir einen Spaziergang im Wald vorschlug. Diese Aktivität würde mich vielleicht etwas ablenken.

Im Wald, der ein Bereich ist, wo ich mein Hobby normalerweise ausübe, wurde mir jedoch noch mehr bewusst, dass dieser Vorfall für mich eine kleine Katastrophe war. Ich konnte einfach nicht glauben, dass dies nach so vielen Jahren der Anfang vom Ende meines Hobbys sein sollte. Gerade zu dem Zeitpunkt, als es mein Ziel war, den Rutenausschlag aufzuklären.

Nach dem Mittagessen und einem kleinen Nickerchen auf dem Sofa nach der schlechten Nacht hielt ich es dann nicht mehr aus. Ich stand auf, ergriff meine Ruten und versuchte es erneut.

Vorsichtig und konzentriert ging ich los und plötzlich fiel mir ein schwerer Stein vom Herzen. Als ich die erste Reizzone überquerte, funktionierte alles wieder so wie in all den Jahren. Der Rutenausschlag war wieder da! Ich probierte es danach noch auf ein paar der anderen mir bekannten Streifen und es zeigte sich immer wieder das positive Ergebnis des Ausschlags.

Nun stellte ich mir die Frage, ob ich eventuell in letzter Zeit zu viel gemessen hatte und dadurch lahmgelegt worden war.

Meine Erleichterung hielt jedoch nicht lange an. Als ich am Abend, kurz vor dem Abendbrot, wieder mit den Ruten über „meine" Streifen ging, war erneut alles weg, wie am Abend zuvor. Nichts ging mehr, nichts bewegte sich!

Ich, ansonsten die Ruhe selbst, war hier vollkommen ratlos und aufgebracht. Luise, die mit dem Ablauf der Vorfälle nicht mehr mitkam, meinte nur: „Das kann ja noch heiter werden!" Sie stellte sich vor, dass ich jetzt womöglich noch mehr Zeit mit diesem Thema verbrachte, einem Hobby, an dem ich nun fast zweifelte.

Damit sollte sie recht behalten, denn ich ließ mich nicht entmutigen. Dieser Sache musste ich unbedingt auf den Grund gehen. Mit so einer Ungewissheit konnte ich mich einfach nicht abfinden.

Nach diesem seltsamen Vorfall des Wünschelrutenausfalls fing ich nun an, zu jeder Tages- und Nachtzeit zu messen. Luise sah mich so des Öfteren mit meinen Drähten in der Hand.

Nach einiger Beobachtungszeit konnte ich dann feststellen, dass die Ruten von auf die Minute genau 18:38 Uhr bis 11:48 Uhr am nächsten Tage nicht mehr ausschlugen. Sobald der Zeiger auf 11:49 Uhr vorgerückt war, funktionierte der Rutenausschlag jedoch wieder.

Ich fragte mich, woher das wohl kommen könnte. Gab es einen unbekannten Sender, der sich um 18:38 Uhr ein- und um 11:49 Uhr wieder ausschaltete? Und gab es durch diesen Sender eine Interferenz mit meiner menschlichen Frequenz?

18 Stunden, während denen ich meine Ruten nicht zum Drehen bekam, das war kaum zu glauben. Wurde ich von elektromagnetischen Wellen im Kopf gesteuert, sodass ich nichts mehr messen konnte?

Eine Frage nach der anderen ging mir durch den Kopf. Um festzustellen, ob dieses Phänomen nur in meiner näheren Umgebung existierte, markierte ich im Umkreis von 30 Kilometern fünf verschiedene Reizstreifen vor 18:38 Uhr. Diese Stellen fuhr ich dann nach 18:38 Uhr, während ich bei mir zu Hause nichts mehr messen konnte, ab. Doch an keiner dieser Stellen, wo die Wünschelrute zuvor ausgeschlagen hatte, rührte sich zu dieser Uhrzeit etwas. Die unbekannte Interferenz war also auch 30 Kilometer weiter am Werk.

Mein Test funktionierte immer wieder. Um 11:46 Uhr stellte ich mich auf einen meiner bekannten Reizstreifen, hielt die Rute fest und wartete. Auf einmal verspürte ich dann ein Kribbeln im

Arm und um 11:48 Uhr fuhr die Rute dann auch prompt wieder auseinander. Nur zwei Minuten früher passierte gar nichts.

Der härteste Schlag folgte dann jedoch am 11. Juli 2015. Von diesem Zeitpunkt an funktionierte der Rutenausschlag rund um die Uhr nicht mehr.

Ich dankte dem Himmel, dass ich wenigstens durch den zeitweisen Ausfall meines Messungsvermögens ein wenig auf dieses vollständige Dilemma vorbereitet worden war. Diese Tatsache konnte mich allerdings auch nicht trösten. Ich musste nun unbedingt herausfinden, wie ich mich von dieser unangenehmen Interferenz, die mein langjähriges Hobby vollkommen zerstörte, befreien konnte.

Hatte ich doch vor einiger Zeit vollkommen überzeugt einen Artikel an die Presse geschickt, der den Vorschlag enthielt, dass ich 10.000 € biete, „wenn mir die GWUP (Gesellschaft zur wissenschaftlichen Untersuchung von Parawissenschaften) nach wissenschaftlichen Kriterien nachweisen kann, dass der von mir festgelegte Reizstreifen kein Signal aus dem Boden zukommen lässt, was den Rutenausschlag einleitet."

In dieser nun ganz unerwarteten Situation konnte ich selbst überhaupt nichts mehr messen, ganz zu schweigen davon, etwas nachzuweisen.

Nach dem ersten Auftreten dieses unbekannten Senders hatte ich zuerst vermutet, dass es sich um den digitalen Mobilfunk TETRA handelte, der 2015 gerade in Deutschland bundesweit eingeführt wurde. Ich hatte nämlich in einem Artikel gelesen, dass laut Professor Hyland von der Universität Warvick die Frequenzen der Sendeanlagen mit 70,4 Hertz nahe dem Bereich der elektrischen Muskelaktivität läge. Durch die Taktung der TETRA-Sendeantennen seien auch **muskuläre Fehlsteuerungen** zu befürchten.

Ich glaubte, dass mein Hippocampus gestört würde. Wenn das so wäre, könnte ich mein Hobby abschreiben. Schlimmer waren jedoch meine erhöhten Blutdruckwerte und die damit verbundenen Kopfschmerzen, die mich nun begleiteten.

Nach meiner Feststellung, dass es im Umkreis von 30 Kilometern dasselbe Messproblem gab, schloss ich den Mobilfunk jedoch schnell wieder aus. Hinter diesem Geheimnis steckte wahrscheinlich noch etwas viel Größeres!

Ich konnte und wollte mich nicht damit abfinden, dass meine Arbeiten am Wünschelrutenphänomen durch eine ganztägige Einschaltung eines mir unbekannten Senders beendet sein sollte.

Ich fasste alle Ereignisse immer wieder in meinem Kopf zusammen. So hatte ich dank meines Tests mit der Mikrowelle und dem Test mit dem Handy in der Aluminiumfolie herausgefunden, dass man elektromagnetische Strahlen komplett abschirmen konnte.

„Da ein Funksignal jedoch aus der Ionosphäre kommt, also aus der Luft und nicht aus dem Boden, müsste in diesem Falle mein Kopf für den Empfang dieser Frequenzen des unbekannten Senders zuständig sein“, überlegte ich und dachte sogleich an eine Abschirmung.

Das setzte ich auch gleich um und fing nun an, meinen ganzen Kopf bis auf zwei kleine Löcher für die Augen in Alufolie einzuwickeln. Durch meine Sichtbehinderung ging ich ein wenig langsam bis zu einer Reizzone und überquerte sie dann mit meiner Rute.

„Es geht wieder!“, rief Jenny, die gerade anwesend war, ziemlich aufgeregt, als die Ruten direkt ausschlugen. Die letzte Hiobsbotschaft von mir war nämlich gewesen, dass der Rutenausschlag jetzt überhaupt nicht mehr klappen würde, zu keiner Tages- oder Nachtzeit.

Ich selbst war auch begeistert und vor allem erleichtert, dass der Erfolg wieder auf meiner Seite war. Anstatt meinen ganzen Kopf in die Folie zu wickeln, baute ich nun eine Art Aluhut, den ich auf meinen Kopf setzen konnte. Nach ein paar weiteren Tests hatte ich den Beweis, dass mit diesem Hut wieder alles funktionierte wie zuvor. Die für mein Hobby schädlichen Frequenzen aus der Luft wurden durch den Schutz der Aluminiumfolie abgewendet. Um sicherzugehen, nahm ich den Hut noch einmal ab und ging erneut über die Zonen. Ich war jedoch nicht mehr überrascht, als dies ohne Hut nicht funktionierte.

Würde mir dieser Zufallsfund zur rechten Zeit jetzt mein Hobby retten können? Ohne die Tests mit den Aluschuhen wäre ich nie auf das Konzept der Abschirmung des Kopfes gekommen.

Jenny versprach mir noch, dass sie mir die Alufolie in Stoff einnähen würde, sodass ich einen richtigen Hut hätte und nicht wie ein Außerirdischer aussähe.

Ich fand diese Idee großartig. Die Wünschelrutengänger werden schon oft genug schräg angeschaut. Da braucht man nicht noch eine Verkleidung, mit der man aussieht wie E.T., der wieder nach Hause auf seinen Planeten will.

Kurz nachdem ich dieses Experiment ausgeführt hatte, flogen Luise, Jenny und ich ein paar Tage nach New York, um Jennys Bruder Sven zu besuchen. Er war für ein Jahr dorthin übergesiedelt, um sein Englisch zu verbessern und nach dem Abitur eine Auszeit einzulegen.

Ich freute mich natürlich darauf, eine sehenswürdige und aufregende Stadt wie New York zu besuchen und meinen Enkel wiederzusehen, doch meine Hintergedanken hatte ich selbstverständlich auch. Auf einem anderen Erdteil gab es natürlich auch Reizstreifen, nicht nur das Strom- oder

Straßennetz der Amerikaner, sondern auch das von der Natur gemachte Globalgitternetz.

Als wir in einem großen Park 40 Kilometer außerhalb von New York waren, hatte ich meine Drähte dabei und der Park war teilweise menschenleer, was man von New York nicht behaupten kannte.

In einer menschenleeren Zone zog ich dann meinen schicken Hut auf, dem man nicht mehr ansah, dass darin Alufolie war, und begann, mit den Wünschelruten den Wald zu durchstreifen.

Ich traf auf eine erste Reizzone, die ich ein Stück weit verfolgte. Dann zog ich meinen Hut aus und überquerte dieselbe Reizzone, die Sven und Jenny zuvor für mich markiert hatten. Wenig überraschend schlugen die Ruten jetzt auch in Amerika nicht aus. Der Hut musste dann halt wieder her, bevor ich mich daran machte, ein paar andere Reizzonen zu erkundschaften und gleichzeitig die biologischen Auswirkungen zu betrachten.

Blitzeichen und andere biologische Folgen der Natur waren hier genauso festzustellen wie in Deutschland. Dies alles hielt ich in einem Film fest.

Ich machte mir so meine Gedanken über die letzten Experimente. Für mich schied der Mobilfunk gänzlich als Übeltäter aus. Da ich auch hier in Amerika durch Funkwellen abgeschaltet wurde und die Frequenzen sich dort von den europäischen unterscheiden, musste die Ursache meines Erachtens woanders liegen.

Mir ist bekannt, dass es riesige Anlagen gibt, die aus ganzen Antennenfeldern bestehen und mit denen die Ionosphäre erforscht wird. In Amerika ist dies unter dem Projekt Haarp bekannt und in Europa wird es Eiscat genannt. Nach dem, was ich gehört hatte, hatten sich auch Japan und China der Erforschung in Europa angeschlossen und die Inbetriebnahme war für das Jahr 2015 festgelegt worden. War dies alles wieder nur ein Zufall?

Da diese Projekte jedoch zivilen und militärischen Zwecken dienten, konnte ich leider nichts Konkretes darüber herausfinden. Im Internet wimmelte es nur so von Verschwörungstheorien, aber es war für mich nichts Brauchbares dabei.

Es ist ja immerhin ein Eingriff in die Ionosphäre, der mir Kopfschmerzen und Bluthochdruck, also eine Beeinflussung meiner Gesundheit, eingebracht hat. Mit dieser Abschaltung ist ganz deutlich festzustellen, dass man im menschlichen Gehirn, von außen Änderungen bewirken kann. Auf die Minute genau kann damit mein Wünschelrutenphänomen abgeschaltet werden. Einen Zusammenhang zwischen diesem geheimnisvollen Sender und meiner „Ausschaltung" vermutete ich jetzt nämlich ganz stark.

20. Wurden Wespen auch beeinflusst?

Seit etlichen Jahren, in denen ich mich mit diesem Thema befasse, kann ich die zahlreichen Hinweise in der Natur einfach nicht übersehen. Ich denke wieder an die Wespen, die ihr Nest nur auf Reizstreifen bauen.

2014 fand ich das letzte 50 Zentimeter große Nest im nicht ausgebauten Dachgeschoss meines Hauses. Es war eines von insgesamt fünf Nestern in den letzten Jahren, die sich alle auf Reizstreifen befanden.

Im Juni 2015 hatte ich jedoch ein Erlebnis ganz anderer Art und dabei dachte ich an meine früheren Beobachtungen zurück. Ich stellte fest, dass die Wespen fünf Meter entfernt vom vorjährigen Nest im Dachgeschoss damit begannen, ein Nest am Wintergarten unter der Sonnenmarkise zu bauen.

Das erstaunte mich schon sehr, da es an dieser Stelle keinen Reizstreifen gibt und ich das bisher bei keinem der vorigen Wespennester erlebt hatte. Ich stellte mich also unter das Nest und beobachtete die Wespen bei ihrer Arbeit. Dabei fiel mir auf, dass sie einen sehr aufgeregten, angriffslustigen Eindruck machten und ihr Summen lauter als gewöhnlich war. Normalerweise habe ich keinerlei Berührungsängste mit Wespen, aber in dieser ungewohnten Situation ging ich lieber schnell drei Schritte zurück.

Diese Aufgeregtheit der Wespen konnte ich volle drei Wochen beobachten und ganz plötzlich, über Nacht, war keine einzige Wespe mehr zu sehen. Sie waren wie vom Erdboden verschwunden. Das Nest war nur ein kläglicher Anfang.

In dem Moment fiel mir ein, dass ich seit dem 16. Juni 2015 erstmals keinen Reizstreifen mehr messen konnte, da ich vermutlich durch einen Sender täglich an- und abgeschaltet wurde, wie ich es ausdrückte.

Es erscheint mir nicht unmöglich, dass die Wespen, die ja mit dem Reizstreifen bestens vertraut sind, weil sie dort immer ihr Nest bauen, auch ein Problem damit hatten. Für deren Navigation sind diese Informationen der Reizstreifen eventuell lebenswichtig.

Am 1. Dezember 2015 stellte ich dann fest, dass der Sender, der meine Handmuskeln abschaltete, wieder außer Betrieb zu sein schien. Ich konnte also wieder ohne Hut messen, da ich keine von oben kommenden Strahlen abzuschirmen brauchte.

Auf Nachfrage meiner Tochter Alice, ob dieser geheimnisvolle Sender vielleicht ab und zu eine Pause einlege, antwortete ich, dass eine Unterbrechung wahrscheinlich nicht in dem Programm der Betreiber des Senders eingeplant sei. Ich erläuterte, dass dort eher mit verschiedenen Frequenzen gearbeitet würde. Ich verwendete wieder ein konkretes Beispiel, welches auch Alice verstehen konnte.

Ich wählte das Beispiel des Radios, bei dem Alice sich vorstellen sollte, dass ich mit dem Sender WDR 4 bestrahlt würde und in diesem Zeitraum mit der Rute nichts mehr machen könne.

Danach drehten die Betreiber des Senders den Knopf einen Millimeter weiter und es käme SWF 1, was mich dann nicht mehr mit der Rute stören würde, mir aber eventuell mehr Kopfschmerzen beschere. Ich betonte, dass jeder Mensch einen anderen Fingerabdruck habe und ebenso eine andere Antenne. Diese Informationen sind alle in der DNA festgelegt.

Dieses Beispiel leuchtete Alice ein und sie wusste nun, dass ich mit der WDR-4-Frequenz den Hut brauchte, um zu messen, und dass ich mit der Frequenz von SWF 1 ohne Hut Reizstreifen aufspüren konnte, diese aber eventuell Kopfschmerzen verursachte. Das war natürlich nur ein Beispiel und hatte mit den Sendern WDR 4 und SWF 1 nichts zu tun.

Vom 13. auf den 14. Januar 2016 wurde ganz unerwartet wieder der für mich sehr nachteilige „Sender" eingeschaltet. Oder eher gesagt wurde wahrscheinlich die Frequenz geändert, so wie ich es Alice erklärt hatte. Das Ergebnis waren, wie bei der vorherigen Erfahrung, übermäßige Kopfschmerzen und ein erhöhter Blutdruck.

Wie ich schon wusste, ist Haarp ein US-amerikanisches ziviles und militärisches Forschungsprogramm. Im Internet erfuhr ich über Haarp, dass frequenzsensitive Menschen schon lange auf die Sekunde genau wissen, wann dieser Sender ein- und ausgeschaltet wird. Bei Wikipedia fand ich heraus, dass der Untersuchungsausschuss für Sicherheit und Abrüstung des Europäischen Parlaments schon am 05.02.1998 eine Anhörung durchführte, die unter anderem Haarp behandelte. Das Ergebnis dieser Anhörung ging in einem Erschließungsantrag an das Europäische Parlament. Hierin wurde Bedauern über die Informationspolitik der USA bezüglich Haarp und auch der Bedarf nach weiteren unabhängigen Untersuchungen dieses Projektes ausgedrückt.

21. Andere Ideen, für den Nachweis dieser Streifen?

Da es mir trotz meiner Anstrengungen noch nicht gelungen ist, einen Spezialisten mit mobilem EEG-Gerät ausfindig zu machen, um dem Phänomen Erdstrahlen näherzukommen, muss ich meine Aktivitäten noch einmal bündeln.

Ich fasse das ganze komplexe Thema noch einmal kurz zusammen. Bei allen Lebewesen, den Menschen, Tieren und Pflanzen, gibt es Strahlensucher und Strahlenflüchter. Wie es bei der Entstehung des Lebens zu dieser Trennung kam, wird heute wohl kaum noch nachzuweisen sein.

Was für mich sicher ist, was aber die wenigsten Menschen heute noch wissen, ist die Tatsache, dass die Menschen, wie von der Natur vorgesehen, aus gesundheitlichen Gründen generell Strahlenflüchter sein sollten.

Wie ich schon angedeutet habe, ist die biologische Wirkung der Reizstreifen am besten in der Natur nachzuverfolgen. Stellte ich doch schon so oft in den letzten Jahren fest, dass es kein Wespennest gab, welches nicht auf einem Reizstreifen gebaut war. Das Nest mit den aggressiven Wespen war die erste Ausnahme, die aber dann von den Wespen selbst aufgegeben wurde. Auch Mistel, Eibe und Holunder wachsen immer bevorzugt auf Reizstreifen.

Beim Durchblättern eines Fotoalbums mit alten Kinderfotos stieß ich dann auf ein Zufallsbild, auf dem meine Tochter Alice, als sie noch ein Kind war, an einem Abend in der Dunkelheit einen versteckten Schatz sucht.

Die Schatzsuche war von Luise für einen Kindergeburtstag organisiert worden. Auf dem Foto, das bei der Nachtwanderung entstand, kann man seltsame Lichteffekte sehen. Da ich dieses

Waldgebiet von meinen vielen Forschungen her kannte und wusste, dass genau an dieser Stelle eine Reizzone verlief, weckte dieses Bild mein besonderes Interesse.

Bild mit Lichteffekten bei Nacht

Um der Sache auf den Grund zu gehen, machte ich eines Abends draußen Bilder. Als die Dunkelheit eingebrochen war, stellte ich in meinem Reizzonengebiet am Waldrand einen kleinen Tisch auf. Darauf deponierte ich eine Taschenlampe, um mich in der vollkommenen Dunkelheit zurechtzufinden. Die digitale Kamera stand gegenüber auf einem Stativ. Ich stand neben dem Tisch und löste von dort, mit einer Fernbedienung, die Kamera aus.

Als ich die Bilder, auf denen ich selbst auch zu sehen bin, danach betrachtete, war ich jedoch sehr verblüfft. Dort waren runde Flecken zu erkennen und einer davon war besonders groß und sah aus wie eine Sonne, die in die Höhe fährt, wie eine

120

Rakete, die in die Luft geht und einen Streifen hinter sich herzieht.

Bild mit der seltsamen Sonne bei Nacht

Diese Bilder schickte ich sofort meinem Enkel Nathan, der jedoch auch nicht wusste, wie er die seltsamen Flecken erklären sollte. Allerdings googelte er danach und schickte mir bald darauf einen Link von Wikipedia über Geisterflecken.

Dort stand, dass Geisterflecken diffus erscheinende, leuchtende, mehr oder weniger kreisrunde Scheiben in fotografischen Aufnahmen seien.[3]

---

[3] https://de.wikipedia.org/wiki/Fotografische_Aufnahme

Im englischsprachigen Raum würden diese Flecken häufig als „Orbs" bezeichnet. In esoterischen Kreisen würden sie als paranormale Erscheinungen angesehen.[4]

Diese Erklärung fand ich sehr interessant, allerdings konnte sie mich nicht vollends überzeugen. Verrückt fand ich das Bild, auf dem ich mit der Fernbedienung in der Hand mit abgebildet war, um die Kamera auszulösen.

Mit Sicherheit ist dieses Bild kein Ergebnis einer Verwacklung, da die Kamera ja festgestanden hat. Es ist weder ein Regentropfen noch ein Glühwürmchen.

Was ist diese „Sonne" auf dem Bild, mit angedeuteter Aufwärtsbewegung? Gibt es hier eventuell einen Zusammenhang?

---

[4] https://de.wikipedia.org/wiki/Paranormal

22. Wir brauchen eine glaubwürdige Messung

Ich bin mir immer sicherer, dass bei diesem Thema nur empirische Forschung mit praktischen, sensitiven Personen, die über lange Zeit Erfahrungen gesammelt haben, zum Ziel führen kann. Erst mit der Kenntnis des physikalischen Phänomens kann dieses Thema dann durch doppelte Blindversuche abgesichert werden.

Wassereimer aufzustellen, von denen nur einer gefüllt ist, oder Streichholzschachteln mit einem Geldstück zu finden sollte meiner Meinung nach wohl eher den Zauberern vorbehalten bleiben. Hier braucht man sensible Wissenschaftler, die ernstlich interessiert sind, das Phänomen aufzuklären.

Was das Sinnesorgan Riechen angeht, habe ich bei *Quarks & Co.* eine interessante Sendung gesehen. Es ging darin um die Menschen- und Hundenasen. Ich kann mich erinnern, dass der Mensch fünf Millionen und der Schäferhund 220 Millionen Riechzellen hat. Wenn Menschen einen Tropfen Buttersäure in einem Liter Wasser noch riechen können, gelingt das dem Hund in einer Millionen Litern Wasser noch. Unglaublich, da man sich 40 Tanklastzüge mit je 25.000 Litern vorstellen muss.

Man nennt es Evolution, dass der Mensch denken kann, abends eine Falle aufstellt, schlafen geht und dann morgens den Hasen aus der Falle holt. Der Nachteil des Hundes wird durch seine gute Nase ausgeglichen, mit der er den Hasen verfolgen kann. So müsste der Mensch mit seinem Gehirn die physikalische Größe der Reizzonen aufspüren.

Was die Sinnesorgane Fühlen und „Empfangen" angeht, ist es für mich klar, dass hier Biologie, Chemie und Physik untrennbar zusammenwirken und dies ein großes Thema ist. Meine Erfahrungen kommen mir in jeder Hinsicht immer wieder zu Gute.

Ich denke an eine während meiner Berufszeit gebaute Maschine zurück, die eine Person am Arbeitsplatz einsparte. Als die Idee geboren und die Maschine gebaut war, gab es von Mitarbeitern laufend Verbesserungsvorschläge, bis hin zum störungsfreien Lauf dieser Maschine. Erst musste die **Idee** her! Genau so stelle ich mir auch die Erforschung des Phänomens der Reizzonen und des Rutengehens vor. Es ist mein Wunsch, dass so ein Dreamteam gebildet wird, um das Geheimnis zu lüften. Dazu müssten aber alle von Rutengängern bisher gemachten Erfahrungen vorliegen.

23. Nachwort

Ich stelle mir immer wieder die Frage, warum die Wissenschaft nach eigenen Aussagen trotz Milliarden Forschungsgeldern und modernster Technik so auf dem Schlauch steht. Die biologischen Reizstreifen, die ich seit vielen Jahren auf meinem Gelände in Deutschland und anderen Erdteilen beobachten und aufspüren kann, sind ganz sicher vorhanden.

Meiner Ansicht nach werden die Radiästheten durch viele Scharlatane in ein so schlechtes Licht gestellt, dass sie dadurch von den Bauherren gar nicht mehr angefordert werden, ihr Grundstück zu untersuchen. Auch dem Bauwilligen fehlen zum Thema Erdstrahlen und Reizzonen die erforderlichen Kenntnisse, weil das Thema in die Ecke „Esoterik" geschoben wird.

Ein weiterer Wunsch ist, dass die menschlichen Energiekraftwerke, die Mitochondrien, annähernd so gut erforscht werden wie die Neutrinos. Im Internet gibt es für Interessierte die Möglichkeit, sich den Forschungsaufwand für Neutrinos einmal anzusehen.

Wie schon erwähnt, wurden 2015 zwei Neutrino-Forscher mit dem Nobelpreis bedacht. Während der Pressekonferenz in Stockholm wurde die Frage gestellt, worin denn der „Nutzen für die Menschheit" bestehen würde.

Hier bahnt sich eine große Hoffnung für mich an. Die Wissenschaftler wissen, dass von der Sonne ca. 60 Milliarden Neutrinos pro Quadratzentimeter und Sekunde auf und durch die Erde sausen, aber sie haben dafür noch kein handhabbares Messgerät.

Ich, der Wünschelrutengänger, kenne die vielen biologischen Auswirkungen der Reizstreifen auf Strahlenflüchter, aber ich habe ebenso kein handhabbares Messgerät.

Wenn diese fast masselosen, schwer zu erfassenden Teilchen der Neutrinos gemessen werden können, werden auch die Reizstreifen ihr Geheimnis durch Messungen lüften!

Einige Neutrinos dürften schon seit dem Urknall unterwegs sein und sind damit vielleicht in der Lage, der Menschheit etwas von den Anfängen des Universums mitzuteilen. Ich bin an diesen Neutrinos auch sehr interessiert, aber viel wichtiger als der Urknall, der für die heutige Zivilisation ziemlich weit zurückliegt, ist für mich eine Messung und wissenschaftliche Erforschung der Reizstreifen sowie der Mitochondrien, um somit die **Ursachen** vieler Krankheiten zu erkennen und zu beseitigen. Die Mitochondrien sind für mich so wichtig aufgrund des Energiehaushalts dieser Lieferanten.

Vor ein paar Tagen flatterte wieder die Einladung zur Krebsvorsorgeuntersuchung mit der Post ins Haus. Ich finde, dass die Mediziner es ja sehr gut mit mir meinen. Aber ist das eine wirkliche Vorsorge, wenn sie feststellen, dass ich eventuell eine Krankheit im bestimmten Stadium habe, die man nur noch mit einer Operation, Chemie oder Bestrahlungen mit vielen Nebenwirkungen in den Griff bekommen kann? Eine echte Vorsorge liegt für mich darin, dass die Ursache für die Krankheit ausgeschaltet wird. Denn mit Chemie und Bestrahlung kann Krebs auch neu angeregt werden.

Wenn ich dem Reizstreifen im Wald folge, der durch mein Schlafzimmer geht, und ich dann vor einem Baum stehe, dem man den Stress seines Standortes ansehen kann, habe ich häufig einen Wunsch. Ich möchte einen Naturwissenschaftler neben mir stehen haben, den ich fragen kann, ob dieser so einen Reizstreifen mit seinen biologischen Auswirkungen in der Natur schon einmal gesehen hat. Wenn der Wissenschaftler das verneint, will ich ihm diese Frage stellen: „Können Sie mir triftige Gründe nennen, dieses Phänomen nicht zu erforschen?"

Für mich ist dies eine Möglichkeit, endlich eine Ursache für bösartige Krankheiten zu finden, die nachweislich auch auf diesen Streifen entstehen. Dabei sollte man bedenken, dass es nicht immer nur die **anderen** trifft.

Mir ist klar, dass wissenschaftlich bewiesen werden muss, dass es diese Reizzonen wirklich gibt. Läge ein Bericht der Wissenschaft vor, der diese Reizzonen bestätigen würde, nähme man wahrscheinlich in Zukunft eine Warnung zur Vermeidung konzentrierter Erdstrahlen genauso hin wie die Warnung vor übermäßigen schädlichen Sonnenstrahlen.

Erdstrahlen, die von der „Un"-Wissenschaft nicht ernst genommen werden, die Pechsträhne der Krebsfälle, das Aufspüren der Metallader, der geheimnisvolle Sender, die seltsamen Lichtstreifen, und, und, und …

Es ist noch so viel in Erfahrung zu bringen!

Hier schließe ich meinen Kreis zum Vorwort wieder.

Ein paar Informationen über den Autor

Ich bin 1942 in Thüringen geboren und habe dann 1952 aus politischen Gründen die damalige sowjetisch besetzte Zone in Richtung Westen verlassen.

Ich habe eine Maschinenschlosserlehre abgeschlossen und später mit einem Jahr als Umschüler das KFZ-Handwerk erlernt. Die begonnene KFZ-Meisterschule konnte ich wegen Einberufung zur Bundeswehr nicht beenden.

Aus der Bundeswehr nach vier Jahren Zeitsoldat als Stabsunteroffizier entlassen wechselte ich in einen kunststoffverarbeitenden Betrieb. Danach folgten zwei Jahre Ausbildung in der Tagesschule zum Kunststofftechniker. Damit bekam ich 1976 eine Anstellung als Betriebsleiter, die ich bis zur Rente im Jahr 2004 innehatte.

Hobbies: physikalische Experimente, Natur, Wünschelrute, Gehege mit Damwild, selbst angelegter großer Garten basierend auf Erkenntnissen über die Strahlenflüchter und -sucher. Lieblingsspielzeug von klein an: Magnete!